高等职业教育课程改革系列教材

变频器技术及应用

主　编　姜　慧　张　虹
副主编　方鸷翔　袁　泉　邓　鹏
参　编　周惠芳　陈文明　石　琼
　　　　伍向东　王增木

机械工业出版社

本书共6章：概述，变频器基础知识，变频器的基本运行操作，变频器常用控制电路的设计，变频器的选择、安装与维护，变频器在典型控制系统中的应用。

本书涵盖了"湖南省技能抽考"题库中变频器技术及应用模块的全部内容，可为电类专业"技能抽考"的变频器技术及应用综合能力测试提供培训支撑。

本书适合作为高职高专院校电气自动化技术专业、新能源类专业、智能控制技术专业和机电类相关专业的教材，也可供从事相关工作的工程技术人员和参加维修电工技能鉴定的人员参考。

为方便教学，本书配有电子课件、思考与练习解答、模拟试卷及答案等，凡选用本书作为教材的学校，均可来电索取。咨询电话：010- 88379375；电子邮箱：cmpgaozhi@sina.com。

图书在版编目（CIP）数据

变频器技术及应用/姜慧，张虹主编．—北京：机械工业出版社，2019.9（2024.8重印）
高等职业教育课程改革系列教材
ISBN 978-7-111-63866-7

Ⅰ．①变… Ⅱ．①姜… ②张… Ⅲ．①变频器-高等职业教育-教材 Ⅳ．①TN773

中国版本图书馆CIP数据核字（2019）第217714号

机械工业出版社（北京市百万庄大街22号　邮政编码100037）
策划编辑：王宗锋　　责任编辑：王宗锋
责任校对：张晓蓉　　封面设计：陈　沛
责任印制：单爱军
北京虎彩文化传播有限公司印刷
2024年8月第1版第9次印刷
184mm×260mm・11.5印张・284千字
标准书号：ISBN 978-7-111-63866-7
定价：39.80元

电话服务　　　　　　　　　网络服务
客服电话：010-88361066　　机　工　官　网：www.cmpbook.com
　　　　　010-88379833　　机　工　官　博：weibo.com/cmp1952
　　　　　010-68326294　　金　书　网：www.golden-book.com
封底无防伪标均为盗版　　　机工教育服务网：www.cmpedu.com

教材编写委员会

主　任　黄守道　湖南大学（教授）
副主任　秦祖泽　湖南电气职业技术学院（党委书记、教授）
　　　　李宇飞　湖南电气职业技术学院（校长、教授）
　　　　周哲民　湖南电气职业技术学院（副校长、教授）
委　员　罗小丽　湖南电气职业技术学院
　　　　蒋　燕　湖南电气职业技术学院
　　　　罗胜华　湖南电气职业技术学院
　　　　宁金叶　湖南电气职业技术学院
　　　　石　琼　湖南电气职业技术学院
　　　　李谟发　湖南电气职业技术学院
　　　　邓　鹏　湖南电气职业技术学院
　　　　陈文明　湖南电气职业技术学院
　　　　李治琴　湖南电气职业技术学院
　　　　叶云洋　湖南电气职业技术学院
　　　　王　艳　湖南电气职业技术学院
　　　　周惠芳　湖南电气职业技术学院
　　　　姜　慧　湖南电气职业技术学院
　　　　袁　泉　湖南电气职业技术学院
　　　　裴　琴　湖南电气职业技术学院
　　　　刘宗瑶　湖南电气职业技术学院
　　　　刘万太　湖南电气职业技术学院
　　　　张龙慧　湖南电气职业技术学院
　　　　容　慧　湖南电气职业技术学院
　　　　宋晓萍　湘电风能有限公司（高级工程师、总工）
　　　　龙　辛　湘电风能有限公司（高级工程师）
　　　　肖建新　明阳智慧能源集团
　　　　吴必妙　ABB杭州盈控自动化有限公司
　　　　陈意军　湖南工程学院（教授）
　　　　王迎旭　湖南工程学院（教授）

前　言

　　变频器技术是从 20 世纪 80 年代发展起来的，具有节约能源、便于操作、易于维护、控制精度高的优点，被广泛应用于机电一体化、工业自动控制等领域，越来越受到企业的重视，逐渐成为电动机调速的主流应用。

　　本书以"理论够用、加强应用、注重技能"为宗旨，共包含 6 章。第 1 章为概述；第 2 章介绍变频器基础知识；第 3 章介绍变频器的基本运行操作；第 4 章介绍变频器常用控制电路的设计；第 5 章介绍变频器的选择、安装与维护；第 6 章介绍变频器在典型控制系统中的应用。

　　本书由姜慧、张虹任主编，方鸳翔、袁泉、邓鹏任副主编。周惠芳、陈文明、石琼、伍向东、王增木参与编写。其中，姜慧、张虹编写第 1、4、6 章及附录，方鸳翔、周惠芳、王增木编写第 2 章和第 5 章，袁泉、邓鹏、陈文明、石琼、伍向东编写第 3 章。

　　由于编者水平有限，书中难免有不足之处，敬请广大读者和同仁批评指正。

编　者

目　　录

前言

第1章　概述 ··· 1
1.1　电气调速系统的发展 ·· 1
1.2　交流变频调速的优势 ·· 2
1.3　变频调速技术的发展 ·· 2
1.4　国内外交流变频调速技术发展的特点 ··· 4
1.5　变频器的应用及发展方向 ··· 4
本章小结 ··· 6
思考与练习 ··· 6

第2章　变频器基础知识 ·· 7
2.1　交流电动机调速 ·· 7
2.1.1　异步电动机和同步电动机的概念 ·· 7
2.1.2　交流电动机的调速方式 ·· 8
2.2　变频器的基本结构及原理 ·· 12
2.2.1　通用变频器的构造 ··· 12
2.2.2　变频器电力电子器件 ·· 14
2.2.3　典型变频器的主电路构成方式 ·· 15
2.2.4　运算电路与微处理器 ·· 18
2.2.5　驱动电路与开关电源 ·· 19
2.3　变频器的控制方式 ··· 23
本章小结 ··· 29
思考与练习 ··· 30

第3章　变频器的基本运行操作 ··· 31
3.1　认识变频器的操作面板 ··· 31
3.2　变频器PU运行的操作 ·· 33
3.2.1　变频器的PU运行模式 ··· 33
3.2.2　变频器的参数设置 ··· 35
3.3　变频器外部运行的操作 ··· 42
3.3.1　变频器控制电动机的正反转运行 ······································· 42
3.3.2　变频器控制电动机的多段速运行 ······································· 45
3.4　变频器的组合运行模式 ··· 48
3.4.1　变频器的组合运行模式1 ··· 48
3.4.2　变频器的组合运行模式2 ··· 48
本章小结 ··· 49
思考与练习 ··· 50

第4章 变频器常用控制电路的设计 ····· 51
4.1 继电器与变频器组合的电动机正反转控制 ····· 51
4.2 继电器与变频器组合的变频工频切换控制 ····· 52
4.3 PLC与变频器组合的多段速控制 ····· 53
4.3.1 PLC与变频器组合的三段速控制 ····· 53
4.3.2 PLC与变频器组合的七段速控制 ····· 57
4.3.3 PLC与变频器组合的七段速正反转控制 ····· 60
4.4 PLC与变频器组合的自动送料系统控制 ····· 64
4.5 PLC模拟量与变频器的组合控制 ····· 67
4.6 PLC与变频器遥控功能的组合控制 ····· 73
4.7 PLC与变频器的通信 ····· 76
本章小结 ····· 88
思考与练习 ····· 89

第5章 变频器的选择、安装与维护 ····· 90
5.1 变频器的选择 ····· 90
5.1.1 变频器的分类 ····· 90
5.1.2 不同负载变频器类型的选择 ····· 92
5.1.3 变频器容量的选择 ····· 92
5.2 变频器的安装和控制柜的设计 ····· 94
5.2.1 变频器的安装环境 ····· 94
5.2.2 变频器控制柜的设计 ····· 96
5.2.3 变频器的安装方式 ····· 96
5.2.4 变频器的使用注意事项 ····· 97
5.3 变频器的故障处理及检查维护 ····· 99
5.3.1 变频器的保护功能 ····· 99
5.3.2 变频器其他故障的处理 ····· 109
5.3.3 变频器的检查与维护 ····· 112
本章小结 ····· 115
思考与练习 ····· 115

第6章 变频器在典型控制系统中的应用 ····· 116
6.1 变频器在工业洗衣机中的应用 ····· 116
6.2 变频器在小型货物升降机中的应用 ····· 123
6.3 变频器在风机中的应用 ····· 127
6.4 变频器在恒压供水系统中的应用 ····· 132
6.5 变频器在中央空调系统中的应用 ····· 144
本章小结 ····· 149
思考与练习 ····· 149

附录 FR-D700变频器参数一览表 ····· 150

参考文献 ····· 178

第 1 章 概 述

本章首先对直流调速系统和交流调速系统两种调速系统进行对比介绍，接着介绍交流变频调速系统的优势、变频调速技术的发展、国内外交流变频调速技术发展的特点、变频器的应用及发展方向，本章学习目标见表1-1。

表1-1 本章学习目标

序号	名 称	学习目标
1.1	电气调速系统的发展	了解直流调速系统的优缺点、交流调速系统的发展与优点
1.2	交流变频调速的优势	了解交流变频调速的优势
1.3	变频调速技术的发展	了解变频调速技术发展的两个重要技术：功率器件和控制方式
1.4	国内外交流变频调速技术发展的特点	了解我国及国外交流变频调速技术发展的特点
1.5	变频器的应用及发展方向	了解变频器的发展方向，如主控一体化、数字化、多功能化和高性能化等

1.1 电气调速系统的发展

电气传动控制系统就是通过对电动机的控制，将电能转换为机械能，并控制工作机械按照给定运动规律运行的装置。以直流电动机作为原动机的传动方式为直流传动，以交流电动机作为原动机的传动方式为交流传动。在电气传动控制系统中，对电动机的控制包括对电动机的起动、制动、正反转及调速等控制，以完成对电动机速度控制为目的的电气传动系统称为电气调速系统，包括直流调速系统和交流调速系统。

自1834年直流电动机出现以后，直流调速系统在工业生产中得到了广泛的应用。直流调速系统的优点是调速范围广、静差小、稳定性好以及动态性能良好。晶闸管变流装置的应用使直流调速系统获得了更多的应用。因此在20世纪，大部分高性能调速系统都采用了直流调速系统，而大部分的不变速传动则采用交流电动机。

直流电动机在结构上存在换向器和电刷，使直流调速系统具有以下几个缺点：
1) 直流电动机结构复杂、成本高、故障多、维修困难。
2) 直流电动机不适用于易燃、易爆、易腐蚀等恶劣环境。
3) 直流电动机的换向器限制了单机容量及最高转速。

直流电动机本身的结构缺陷使其发展受到了限制。1885年，交流电动机诞生，当时主要应用于不变速传动系统中。直到20世纪60、70年代，伴随着电力电子器件和控制技术的飞速发展，尤其是大规模集成电路和计算机控制技术的出现，高性能的交流调速系统应运而生，并且由于交流电动机本身优越的特性，交流调速系统得到了广泛的应用。交流调速系统已具有多种优异性能，如较宽的调速范围、较高的工作效率、较高的稳态精度、较快的动态响应及支持四象限运行等，现已成为调速系统的主要发展方向。

当前交流调速系统的应用主要有以下 4 个方面：

1）以节能为目的的交流调速系统，如水泵、风机、压缩机等负载，由交流电动机拖动，用调速来改变风量或流量，节能效果理想，且此类负载对调速性能的要求不高，容易实现。

2）高性能交流调速系统和伺服系统。随着直接转矩控制、矢量控制、解耦控制等交流调速技术的发展，交流调速系统的性能有了极大提高，出现了一系列可以和直流调速系统相媲美的高性能交流调速系统和交流伺服系统。

3）特大容量、极高转速的交流调速系统。直流电动机受换向器的限制，其最高电压只能达到 1000V 左右，最高转速只能达到 3000r/min 左右。而交流电动机最高电压可达 10kV，转速可达每分钟数千转，可广泛应用于特大容量的电气传动设备，如矿井卷扬机、厚板轧机等，以及极高转速的传动设备，如高速磨头、离心机等。

4）取代热机、液压、气动控制的交流调速系统以及取代直流调速的交流调速系统。

1.2　交流变频调速的优势

交流变频调速技术的原理是把工频交流电转换成频率和电压都可调的交流电，通过改变交流电动机定子绕组的供电频率，在改变频率的同时也改变电压，从而实现对电动机转速的调节。目前变频调速系统还可采用微机控制技术，根据电动机负载的变化实现自动、平滑地加/减速。

交流变频调速系统通常由三相交流异步电动机、变频器及控制器组成，具有以下优点：

1）变频调速系统调速范围宽，能平滑调速，可实现较高的静态精度及动态品质。

2）变频调速系统可以直接在线起动，起动转矩大、电流小，减小了对电网和设备的冲击，且具有转矩提升的功能，节省软起动装置。

3）变频器内置功能多，可以满足不同的工艺要求；保护功能完善，能自诊断显示故障，维护方便；具有通用的外部接口端子，可同计算机、PLC 联机，实现自动控制。

4）交流变频调速系统在节能方面有很大优势，是目前世界公认的交流电动机最理想的调速技术。

1.3　变频调速技术的发展

变频调速技术的发展主要取决于功率器件和控制方式两方面的技术。

1. 功率器件

变频技术建立在电力电子技术基础之上。变频器中的功率器件必须满足以下条件：能承受足够大的电压和电流；允许长时间频繁地接通和关断；接通和关断的控制非常方便。20 世纪 50 年代出现了晶闸管（SCR），60 年代出现了门极关断（GTO）晶闸管，直到 20 世纪 70 年代电力晶体管（GTR）的出现，才基本满足了上述条件，这为变频技术的开发奠定了基础。

20 世纪 80 年代中期，成功研发了绝缘栅双极型晶体管（IGBT），其工作频率比 GTR 提高了一个数量级，90 年代出现了智能功率模块（Intelligent Power Module, IPM）。器件的更新促使变频技术不断发展，目前变频器上应用最多的开关功率器件有 GTO、GTR、IGBT 以及 IPM。后面两种集 GTR 的低饱和电压特性和 MOSFET 的高频开关特性于一体，是目前通用变频器中被最广泛使用的功率器件。IPM 包含了 IGBT 芯片及外围的驱动和保护电路，甚至还把光电耦合器也集成于一体，因此是一种更好用的集成型功率器件，在模块额定电流 10~600A 范围内，通用变频器均有采用 IPM 的趋势，其优点如下：

1）开关速度快，驱动电流小，控制驱动简单。

2）含电流传感器，可以高效迅速地检测出过电流和短路电流，对功率芯片给予了足够的保护，大大降低了故障率。

3）在器件内部电源电路和驱动电路的配线设计上进行了优化，有效地控制了浪涌电压、门极振荡和噪声引起的干扰等问题。

4）具有丰富的保护功能，如电流保护、电压保护、温度保护等，并且随着技术的进步，保护功能将日益完善。

5）具有较高的性价比。IPM 的售价已经逐渐接近 IGBT，采用 IPM 后，变频器的开关电源容量减小、驱动功率容量减小、器件节省以及综合性能大大提高，使其有很好的经济价值。

2. 控制方式

早期通用变频器大多采用开环恒压频比（U/f = 常数）的控制方式。其最大的优点是系统结构简单、成本低，可以满足一般平滑调速的要求；缺点是系统的静态及动态性能不高。因此，大量学者对变频器控制方式进行了改造，主要经历了三个阶段：

第一阶段：电压空间矢量控制。20 世纪 80 年代初，日本学者提出了基于磁通轨迹的电压空间矢量，或称磁通轨迹法，典型机器如富士 FRN5000G5/P5、三星 MF 系列等。由于未引入转矩调节，系统性能没有得到根本的改善。

第二阶段：矢量控制。20 世纪 70 年代初由原联邦德国 F. Blasschke 等人首先提出，其原理是模拟直流电动机的控制方式，利用坐标变换，把交流电动机定子电流分解为磁场分量电流（励磁电流）和转矩分量电流（负载电流）并分别加以控制，同时控制两分量的幅值和相位，即控制定子电流矢量，由此开创了交流电动机等效直流电动机控制的先河，并逐渐融入通用型变频器中。自 1992 年开始，德国西门子公司开发了 6SE70 系列，通过 FC、VC、SC 板可以分别实现频率控制、矢量控制和伺服控制。

第三阶段：直接转矩控制。1985 年由德国鲁尔大学 Depenbrock 教授首先提出，简称 DTC（Direct Torque Control）。直接转矩控制与矢量控制不同，它把转矩直接作为被控量来控制，而不是通过控制电流、磁链等量间接控制转矩。采用直接转矩控制，可以实现很高的转矩响应速度和控制精度。1995 年，ABB 公司推出 ACS600 直接转矩控制系列变频器。

控制技术的发展得益于微处理机技术的发展，自 1991 年 Intel 公司推出 8X196MC 系列以来，专门用于电动机控制的芯片在品种、速度、功能、性价比等方面都有很大的发展，如日本三菱电机公司开发用于电动机控制的 M37705、M7906 单片机和美国德州仪器公司的 TMS320C240DSP 等都颇具代表性。

1.4 国内外交流变频调速技术发展的特点

变频器作为一种新兴的高技术产品,从一开始国外品牌就占据了绝大部分市场,国内变频器的研制和生产也在艰难中向前发展。21世纪以来,国产变频器得到了前所未有的发展。无速度控制技术等高性能技术被广泛应用在国产主流变频器中,"高门槛"的高压变频器也取得了突破性进展。

1. 国外交流变频调速技术发展的特点

1)市场的大量需求。变频器广泛地应用在机械、纺织、化工、造纸、冶金、食品等各个行业以及风机、水泵等节能场合,并取得显著的经济效益。

2)功率器件的发展。近年来 SCR、GTO 晶闸管、IGBT、IGCT 等器件的生产以及串并联技术的发展应用,使高电压、大功率变频器产品的生产及应用成为现实。

3)控制理论和微电子技术的发展为变频器提供了理论基础及硬件手段。

4)工业和制造业的高速发展促进变频器相关配套产品实现社会化、专业化生产。

2. 国内交流变频调速技术发展的状况

我国变频调速技术虽然取得了一定的进步,但和国外相比还存在一定差距,主要体现在以下几个方面:

1)变频器的整机技术落后,没有形成一定的技术和生产规模。

2)变频器产品所用半导体功率器件的制造几乎空白。

3)相关配套产业及行业落后。

4)产销量少,可靠性及工艺水平不高。

经过几十年的发展,我国变频器行业在技术水平、资本实力、生产管理等方面正在逐渐缩小与国外品牌的差距。

1.5 变频器的应用及发展方向

变频调速已被国内外公认为最理想、最具发展前途的调速方式之一,它的应用主要表现在以下几个方面。

1. 变频器在节能方面的应用

采用变频调速的风机、泵类负载,节电率可达到 20%~60%,这是因为风机、泵类负载的实际消耗功率基本与转速的 3 次方成正比。当用户需要的平均流量较小时,风机、泵类负载采用变频调速使其转速降低,节能效果非常可观。而传统的风机、泵类负载采用挡板和阀门进行流量调节,电动机转速基本不变,耗电功率变化不大。据统计,风机、泵类负载用电量占全国用电量的 31%,占工业用电量的 50%,在此类负载上使用变频调速装置具有非常重要的意义。以节能为目的的变频器的应用,最近几十年发展非常迅速,据有关方面统计，我国已经进行变频改造的风机、泵类负载的容量占总容量的5%以上，年节电约4×10^{10}kW·h。由于风机、泵类负载在采用变频调速后可以节省大量的电能，所需的投资在较短的时间内就可以收回，所以在这一领域的应用最广泛。目前，应用较成功的示例有恒压供水、各类风机、中央空调和液压泵的变频调速。

2. 变频器在自动化系统中的应用

随着控制技术的发展，变频器除了具有基本的调速控制之外，更具有了多种算术运算和智能控制功能，输出频率精度高达0.1%~0.01%。它还设有完善的检测、保护环节，因此在自动控制系统中得到了广泛的应用。例如，化纤工业中的卷绕、拉伸、计量、导丝，玻璃工业中的平板玻璃退火炉、玻璃窑搅拌、拉边机，电弧炉自动加料、配料系统以及电梯的智能控制系统等。

3. 变频器在提高工艺水平和产品质量方面的应用

变频器还被广泛应用于传送、起重、挤压和机床等各种机械设备的控制领域，它可以提高工艺水平和产品质量，减少设备冲击和噪声，延长设备使用寿命。采用变频调速控制后，可以使机械设备简化，使操作和控制更加方便，有的甚至可以改变原有的工艺规范，从而提高整个设备的功能。

交流变频调速技术是一项融合了强弱电及机电一体化的综合性技术，既要处理巨大的电能转换（整流、逆变），又要对信息进行收集、变换和传输，因此它的共性技术分成功率和控制两大部分。其主要发展方向如下：

（1）主控一体化

1）主控一体化的目的主要是把功率器件、保护元件、驱动元件、检测元件进行大规模的集成，变为一个智能功率模块，其体积小、可靠性高、价格低。

2）高频化的实现主要是开发高性能的IGBT产品，提高开关频率。目前开关频率已提高到10~15kHz，基本上消除了电动机运行时的噪声。

3）提高效率的手段主要是减少开关器件的发热损耗，通过降低IGBT集电极和发射极间的饱和电压来实现，或用二极管整流并采取各种措施设法使功率因数增加到1。

（2）数字化　微处理器的发展使数字控制成为现代控制器的发展方向。运动控制系统属于快速系统，尤其是交流电动机高性能的控制需要存储多种数据及快速实时地处理大量信息。近几年来，各大公司纷纷推出以DSP（Digital Sigal Processor，数字信号处理器）为基础的内核，与电动机控制所需的外围功能电路集成在单一芯片内，形成DSP单片电机控制器，使其价格大大降低、体积缩小、结构紧凑、使用便捷、可靠性提高。DSP的数字运算能力比普通单片机增强10~15倍，确保了系统有更优越的控制性能。数字控制使硬件简化，柔性控制算法使控制具有更大的灵活性，可以实现复杂的控制规律，使现代控制理论在运动控制系统中应用成为现实，且易于与上层系统连接进行数据传输，便于故障诊断、加强保护和监视功能，使系统智能化，如某些变频器的自调整功能。

（3）多功能化和高性能化　多功能化和高性能化电力电子器件和控制技术的不断发展，使变频器多功能化和高性能化成为可能。尤其是微机的应用，其简单的硬件结构和丰富的软件功能，为变频器多功能化和高性能化奠定了坚实的基础。

8位CPU、16位CPU为通用变频器实现全数字控制提供了可靠的保障。32位DSP的应用使通用变频器性能出现了质的飞跃，实现了转矩控制及"无跳闸"功能。新型变频器开始采用新的精简指令集计算机（Reduced Instruction Set Computer，RISC），将指令执行时间缩短到纳秒级。由于全数字控制技术的实现，运算速度不断提高，使得通用变频器的性能不断完善，功能不断增加。

（4）小型化　紧凑型变频器要求功率和控制元件具有相当高的集成度，包括智能化的功率模块、紧凑型的光电耦合器、高频率的开关电源，以及采用新型电工材料制造的小体积变压器、电抗器和电容器。功率器件冷却方式（如水冷、蒸发冷却和热管）的改变也是缩小变频器尺寸的有效途径。小功率变频器应当像接触器、软起动器等元件一样使用简单、安装方便且安全可靠。

（5）系统化　通用变频器还向集成化、系统化方向发展。如西门子公司提出的集通信、设计和数据管理三者于一体的"全集成自动化（TIA）"平台，集成了变频器、伺服装置、控制器及通信装置等，甚至可以将自动化和驱动系统、通信和数据管理系统都嵌入"全集成自动化"系统，为用户提供最佳的系统功能。

（6）网络化　新型通用变频器可以提供多种兼容的通信接口，并支持多种不同的通信协议，内装RS485接口，可以通过个人计算机上的变频器专用软件进行输入运行命令和设定功能码数据等操作，实现与现场总线的通信，现场总线如Interbus-S、PROFIBUS-DP、MODBUS、Plus、Device Net、CC-Link、Ethernet、LONWORKS、Open、CAN、T-LINK。西门子、富士、VACON、日立、三菱、台安、普传、东洋等品牌的通用变频器，均可通过各自提供的选件支持上述几种或全部类型的现场总线。

（7）绿色化　新型通用变频器采用高频载波方式的正弦波脉宽调制（SPWM）实现静音，并且在通用变频器输入侧加交流电抗器或有源功率因数校正电路APFC，在逆变电路中采取Soft-PWM控制技术等，改善输入电流波形、降低电网谐波，在抗干扰和抑制高次谐波方面符合EMC（电磁兼容性）国际标准，实现了清洁电能的转换。三菱公司的柔性PWM控制技术实现了更低噪运行。

本章小结

本章首先介绍了直流传动和交流传动的概念、交直流调速系统的优缺点及变频调速的优势，然后从功率器件和控制方式两个方面来介绍变频器技术发展情况，并介绍了国内外交流变频调速技术的特点及现状。最后介绍了变频器的发展方向，即主控一体化、数字化、多功能和高性能化、小型化、系统化、网络化和绿色化。

思考与练习

1. 什么是传动控制系统？直流传动和交流传动有什么不同？
2. 直流调速系统有哪些缺点？
3. 交流调速系统的应用领域主要有哪些？
4. 变频调速系统有哪些优点？
5. 简述变频器的发展方向。

第 2 章　变频器基础知识

本章从交流电动机的调速种类出发，首先阐述了不同类型的电动机调速，为以后变频器的节能应用进行了铺垫；接着介绍了变频器的构造，包括主回路和控制回路；最后介绍了变频器常用的控制方式。本章学习目标见表 2-1。

表 2-1　本章学习目标

序号	名　　称	学习目标
2.1	交流电动机调速	了解异步电动机和同步电动机的概念，掌握交流电动机各种调速方式的优缺点
2.2	变频器的基本结构及原理	了解通用变频器主回路和控制回路的结构及变频器中常用的电力电子器件及其特性
2.3	变频器的控制方式	了解变频器常用控制方式——变频变压（U/f）控制、转差频率控制、矢量控制和直接转矩控制的原理及其优缺点

2.1　交流电动机调速

2.1.1　异步电动机和同步电动机的概念

1. 异步电动机

三相异步电动机起动的首要条件是具有一个旋转磁场，其定子绕组就是用来产生旋转磁场的。三相电源相电压的相位差是 120°，所以三相异步电动机定子的三相绕组空间方位差也为 120°（电角度），当在定子绕组中通入三相电源时，定子绕组会产生一个旋转磁场，其产生的过程如图 2-1 所示。图 2-1 中分 4 个时刻描述了旋转磁场的产生过程。电流每变化 1 个周期，旋转磁场便在空间上旋转 1 周，即旋转磁场的旋转速度与电流的变化是同步的。旋转磁场的转速为

$$n = 60f/p$$

式中，f 为电源频率（Hz）；p 为磁场的磁极对数；n 为旋转磁场的转速（r/min）。

由此式可知，旋转磁场的转速与磁极对数和电源的频率有关。

定子绕组产生旋转磁场后，转子导条（笼型条）切割旋转磁场的磁力线产生感应电流，转子导条中的电流又与旋转磁场相互作用产生电磁力，电磁力产生电磁转矩驱动转子沿旋转磁场的方向以 n 的速度旋转。通常情况下电动机转子的旋转速度 n（即电动机的转速）略低于旋转磁场的旋转速度 n_1（又称同步转速），两者的转速差称为转差 s，电动机的转速为

$$n = (1-s)60f/p$$

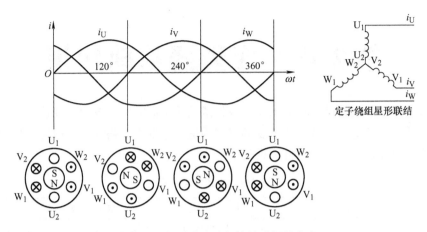

图 2-1 三相异步电动机旋转磁场的产生

假设 $n = n_1$,转子导条与旋转磁场就没有相对运动,不会切割磁力线,也就不能产生电磁转矩,所以转子的转速 n 要小于旋转磁场的转速 n_1。因此,这种结构的三相电动机称为异步电动机。

2. 同步电动机

同步电动机与其他类型的旋转电动机一样,都是由固定的定子和可旋转的转子两大部分组成的。其可分为转磁场式同步电动机和转电枢式同步电动机。

图 2-2 所示为转磁场式同步电动机的结构模型。定子铁心的内圆均匀分布着定子槽,槽内嵌放着按规律排列的三相对称交流绕组。该电动机的定子称为电枢,定子铁心和定子绕组又称电枢铁心和电枢绕组。转子铁心上装有制成一定形状的成对磁极,磁极上绕有励磁绕组。通直流电时,会在电动机的气隙中形成极性相间的分布磁场,称为励磁磁场(或主磁场、转子磁场)。气隙处于电枢内圆和转子磁极之间,气隙层的厚度和形状对电动机内部磁场的分布和同步电动机的性能有着重大影响。

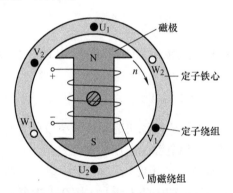

图 2-2 转磁场式同步电动机的结构模型

转电枢式同步电动机,磁极安装在定子上,而交流绕组分布在转子表面的槽内,这种同步电动机的转子相当于电枢。图 2-2 中用 U_1U_2、V_1V_2、W_1W_2 这三个在空间上错开 120° 电角度分布的线圈代表三相对称交流绕组(定子绕组)。

2.1.2 交流电动机的调速方式

由于交流电动机比直流电动机经济耐用,故被广泛地应用于各种行业。在实际应用中,经常要求电动机能随意调节转速,以获得满意的使用效果。根据异步电动机转速特性可知,其调速方式有 3 种:频率调节、磁极对数调节和转差率调节。图 2-3 所示为目前交流电动机常用的调速方式。

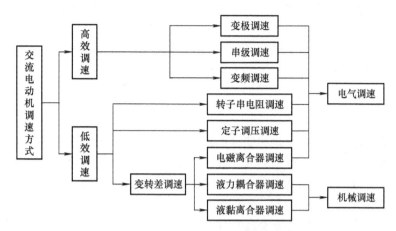

图 2-3 目前交流电动机常用的调速方式

从节能角度来看，把交流调速分为高效调速和低效调速。高效调速在调节电动机转速时转差率基本不变，基本上不增加转差损失，或将转差功率以电能的形式回馈到电网或以机械能的形式回馈到电动机轴；低效调速则存在着转差损失，在相同调速情况下其节能效果要低于高效调速。

高效调速方式主要有变极调速、串级调速和变频调速。低效调速方式主要有转子串电阻调速、定子调压调速和变转差调速（包括电磁离合器调速、液力耦合器调速和液黏离合器调速）。其中，液力偶合器调速和液黏离合器调速属于机械调速，其他方式属于电气调速。变极调速和变转差调速适用于笼型异步电动机，串级调速和转子串电阻调速适用于绕线转子异步电动机，定子调压调速和变频调速既可用于笼型异步电动机，也可用于绕线转子异步电动机。变频调速和机械调速还可用于同步电动机。

液力耦合器调速技术属于机械调速，它将匹配的调速型液力耦合器安装在常规的交流电动机和负载（风机、水泵或压缩机）之间，从电动机输入转速，通过液力耦合器工作腔中高速循环流动的液体，向负载传递转矩和输出转速。通过改变工作腔中液体的充满程度以调节输出转速。

液黏离合器调速利用液黏离合器作为功率传递装置来完成转速调节，属于机械调速。液黏离合器是一种利用两组摩擦片之间的接触来传递功率的机械设备，同液力耦合器一样安装在笼型异步电动机与负载之间，在电动机低速运行时，利用两组摩擦片之间摩擦力的变化无级地调节工作机械的转速。由于它存在转差损耗，所以是一种低效的调速方式。

1. 变极调速

变极调速技术通过采用变极多速异步电动机来实现调速。这种多速电动机一般为笼型电动机，结构与基本系列异步电动机相似，现国内生产的有双速、三速、四速等几类。

变极调速是通过改变定子绕组的磁极对数来改变旋转磁场同步转速进行调速的，是无转差损耗的高效调速方式。但由于磁极对数 p 是整数，它不能实现平滑调速，只能进行有级调速。在供电频率 $f=50$Hz 的电网中，$p=1$、2、3、4 时，同步转速分别为 $n=3000$r/min、1500r/min、1000r/min、750r/min。这种通过改变磁极对数来调速的笼型电动机，一般称为多速异步电动机或变极异步电动机。

多速电动机的优点是运行可靠、效率高、电路简单、易维护、对电网无干扰、初始投资小；缺点是只能实现有级调速，而且调速级差大，从而限制了它的应用范围，只适用于按2～4档固定调速变化的场合。为了弥补这个缺陷，多速电动机有时与定子调压调速或电磁离合器调速配合使用。

2. 电磁调速

电磁调速是通过电磁调速电动机实现调速的一种技术。电磁调速电动机由三相异步电动机、电磁转差离合器和测速发电机组成，其中三相异步电动机是原动机。该技术属于传统的交流调速技术，适用于容量在 0.55～630kW 范围内的风机、水泵或压缩机。

电磁调速属于低效调速方式。电磁调速示意图如图 2-4 所示。由于直流励磁电源功率较小，可通过改变晶闸管的触发延迟角以改变直流励磁电压的高低，从而控制励磁电流。笼型电动机作为原动机，带动与其同轴连接的电磁转差离合器的主动部分，而离合器的从动部分与负载同轴连接，主动部分与从动部分没有机械连接，只有磁路相通。离合器的主动部分为电枢，从动部分为磁极。其中，电枢包括电枢铁心和电枢绕组，而磁极由铁心和励磁绕组构成，绕组与部分铁心固定在机壳上不随磁极旋转，直流励磁不经过集电环而直接由

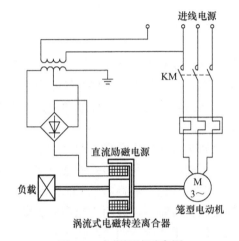

图 2-4 电磁调速示意图

直流电源供电。电动机带动电枢在磁极磁场中旋转时，会感生涡流，涡流与磁极磁场作用产生的转矩使电枢牵动磁极拖动负载同向旋转，因此可以通过控制励磁电流来改变磁场强度，使离合器产生大小不同的转矩，以达到调速的目的。

电磁离合器的优点是结构比较简单、可实现无级调速、维护方便、运行可靠、调速范围比较宽，且对电网无干扰，可以空载起动，对需要重载起动的负载可获得容量效益，提高了电动机运行负载率。缺点是高速区调速特性软，不能全速运行；低速区调速效率比较低，只适用于调速范围适中的中小容量电动机。

3. 串级调速

典型的串级调速系统主要有两种：电气串级调速系统和电动机串级调速系统。电气串级调速电路由异步电动机转子一侧的整流器和电网一侧的晶闸管逆变器组成。通过改变逆变器的逆变角来调节异步电动机的转速，将整流后的直流电经过逆变器变换成具有电网频率的交流电，并将转差功率回馈到电网；电动机串级调速电路把整流后的直流电作为电源接到直流电动机电枢的两端，通过调节励磁电流来调节异步电动机的转速，直流电动机与交流异步电动机同轴相连，将转差功率变为直流电动机的输入功率与异步电动机一起拖动负载，使转差功率回馈到电动机轴。电动机串级调速的范围不大，且增加了一台直流电动机，使系统复

杂、应用不多。电气串级调速系统比较简单、控制方便，因此应用比较广泛。

串级调速的主要优点是调速效率高、可无级调速、初始投资较小；缺点是对电网干扰大、调速范围窄、功率因数比较低。

4. 定子调压调速

定子调压调速通过改变定子电压来改变电动机的转速，转差功率以发热形式消耗在转子绕组中，属于低效调速方式。由于电磁转矩与定子电压的二次方成正比，所以改变定子电压可以改变电动机的机械特性，与某一负载特性相匹配就可以稳定在不同的转速上，实现调速功能。供电电源的电压是固定的，可用调压器来获得电压可调的交流电源。传统的调压器有饱和电抗器式调压器、自耦变压器式调压器和感应式调压器。晶闸管是交流调压调速的主要器件，利用改变定子侧三相反并联晶闸管的触发延迟角来调节转速。

定子调压调速的主要优点是控制设备比较简单、可实现无级调速、初始投资不大、使用维护比较方便，还可以兼作笼型电动机的减压起动设备。缺点是调速效率比较低、调速范围窄、调速特性比较软、调速精度差、使用晶闸管调压时，对电网干扰大，只适用于调速范围要求不宽、较长时间在高速区运行的中小容量的异步电动机。

5. 转子串电阻调速

转子串电阻调速是通过改变绕线转子异步电动机转子串接外接电阻，从而改变转子电流使转速改变的调速方式，如图2-5所示。为减少电刷的磨损，中等容量以上的绕线转子异步电动机应设有提刷装置，电动机起动时接入外接电阻以减小起动电流，不需要调速时移动手柄可提起电刷与集电环脱离接触，同时使3个集电环彼此短接。

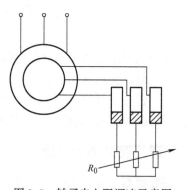

图2-5 转子串电阻调速示意图

转子串电阻调速的优点是技术成熟、控制方法简单、维护方便、初始投资小、对电网无干扰。缺点是转差损耗大、调速效率低、调速特性软、动态响应慢、调速平滑性差，适合于调速范围不太大和调速特性要求不高的场合。

6. 变频调速

变频调速通过改变异步电动机供电电源的频率f来实现无级调速。电动机采用变频调速，由变频器供电，其转轴直接与负载连接。变频调速的核心设备是变频器，变频器是一种将频率固定的交流电变换成频率、电压可调的交流电的专用装置，由功率模块、超大规模专用单片机等构成。变频器能够根据转速反馈信号调节电动机供电电源的频率，从而实现相当大频率范围内的无级调速。

根据实际应用，将交流电动机各种调速方式的性能和特点汇总于表2-2中。

表 2-2　电动机调速方式汇总

调速方式	转子串电阻	定子调压	电磁离合器	液力耦合器	液黏离合器	变极	串级	变频
调速方法	改变转子串电阻	改变定子输入电压	改变离合器励磁电流	改变耦合器工作腔充油量	改变离合器摩擦片间隙	改变定子极对数	改变逆变器的逆变角	改变定子输入频率和电压
调速性质	有级	无级	无级	无级	无级	有级	无级	无级
调速范围	50%~100%	80%~100%	10%~80%	30%~97%	20%~100%	2、3、4档转速	50%~100%	5%~100%
响应速度	慢	快	较快	慢	慢	快	快	快
电网干扰	无	大	无	无	无	无	较大	大
节电效果	中	中	中	中	中	好	好	好
初始投资	小	较小	较大	中	较小	小	中	大
故障处理	停车	不停车	停车	停车	停车	停车	停车	不停车
安装条件	易	易	较易	场地	场地	易	易	易
适用范围	绕线转子异步电动机	绕线转子异步电动机、笼型异步电动机	笼型异步电动机	笼型异步电动机、同步电动机	笼型异步电动机、同步电动机	笼型异步电动机	绕线转子异步电动机	异步电动机、同步电动机

2.2　变频器的基本结构及原理

变频器是利用电力半导体器件的通、断作用将频率和电压固定的交流电变换为频率和电压都连续可调的交流电的装置，通过改变交流电源的频率来对电动机进行调速控制。变频器技术是一项融合了强弱电及机电一体化的综合性技术，既要处理巨大的电能转换（整流、逆变），又要进行信息的收集、变换和传输。

2.2.1　通用变频器的构造

通用变频器一般采用交-直-交方式，由主电路和控制电路两部分构成，其基本构造如图2-6所示。

1. 主电路

通用变频器的主电路由整流部分、直流环节、逆变部分、制动或回馈环节等组成。

（1）整流部分　又可称电网侧变流部分，把单相或三相交流电整流成直流电。常用的低压整流部分通常是由二极管构成的三相不可控桥式电路或由晶闸管构成的三相可控桥式电路。而中压大容量的整流则多采用多重化12脉冲以上的变流器。

（2）直流环节　逆变器的负载是异步电动机，属于感性负载，在中间直流部分与电动机之间会有无功功率交换，因此需要中间直流环节的储能元件（如电容或电感）来缓冲。

（3）逆变部分　又被称为负载侧变流部分，它通过不同的拓扑结构实现逆变元件规律性的关断和导通，以得到任意频率的三相交流电输出。常见的逆变部分是由6个半导体主开关器件组成三相桥式逆变电路。

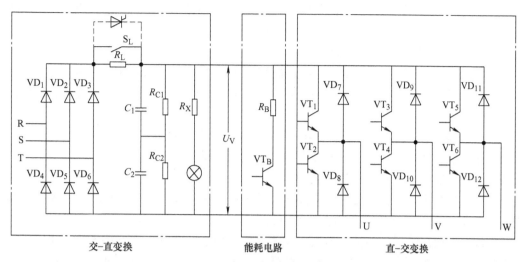

图 2-6 通用变频器的基本构造

(4) 制动或回馈环节 制动形成的再生能量在电动机侧易聚集到变频器的直流环节造成直流母线电压的飙升,因此需要及时将能量通过制动环节以热能形式释放出去或者通过回馈环节转换到交流电网中去。制动环节因变频器的功率不同而有不同的实现方式,一般小功率变频器都内置制动单元,甚至还内置短时工作制的标配制动电阻;中功率的变频器可以内置制动环节,根据不同品牌变频器的选型手册来决定制动环节属于标配还是选配;大功率的变频器制动环节多为外置。而回馈环节则通常属于变频器的外置回路。

2. 控制电路

控制电路包括变频器的核心软件算法电路、检测传感电路、控制信号的输入输出电路、驱动电路和保护电路等,原理框图如图 2-7 所示。

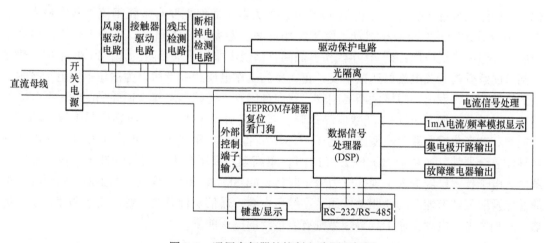

图 2-7 通用变频器的控制电路原理框图

(1) 开关电源 变频器辅助电源采用开关电源,具有体积小、效率高等优点。电源输入为变频器主电路直流母线电压或将交流 380V 整流。通过脉冲变压器的隔离变换和变压器二次侧的整流滤波,可以得到多路输出直流电压。+15V、-15V、+5V共地,其中±15V给运放、电流传感器等模拟电路供电,+5V给DSP及外围的数字电路供电。相互隔离的4组或6组+15V电源为逆变驱动电路供电。+24V给继电器、直流风机供电。

(2) DSP（数字信号处理器） 变频器采用的DSP是TMS320F240,完成电流、电压、温度采样、6路PWM输出、各种故障报警输入、电流/电压/频率设定信号输入,还可以完成电动机控制算法的运算等功能。

(3) 输入输出端子 变频器控制电路的输入输出端子包括：

1) 输入多功能选择端子、正反转端子、复位端子等。

2) 继电器输出端子、开路集电极输出多功能端子等。

3) 模拟量输入端子,包括外接模拟量信号所用电源(+12V、+10V或+5V)及模拟电压量频率设定输入端子和模拟电流量频率设定输入端子。

4) 模拟量输出端子,包括电压模拟量输出端子和电流模拟量输出端子等,用户可以选择0~10V的直流电压表或0~1mA直流电流表,显示输出电压和输出电流,也可以通过功能码参数选择输出信号。

(4) SCI口 TMS320F240支持标准的异步串口通信,通信波特率可以达到625kbit/s,且具有多机通信功能,通过一台上位机就能够实现多台变频器的远程控制和运行状态监视。

(5) 操作面板部分 DSP通过SPI口与操作面板相连,可以完成按键信号的输入、显示数据的输出等功能。

2.2.2 变频器电力电子器件

电力电子器件是指用于电能变换和电能控制电路中的大功率电子器件（电流一般为数十至数千安,电压为数百伏以上）,也称功率电子器件。变频器的交-直-交主电路应用的就是电力电子器件。

电力电子器件经过半个多世纪的发展,先后经历了整流器时代、逆变器时代和变频器时代,其应用领域逐步扩大。20世纪50年代,电力电子器件主要有汞弧闸流管和大功率电子管；60年代出现并发展的晶闸管,由于工作可靠、寿命长、体积小、开关速度快,而在电力电子电路中广泛应用；到70年代初,晶闸管已逐步取代了汞弧闸流管；到80年代,普通晶闸管能承受的开关电流可达数千安,正、反向工作电压达数千伏。为适应电力电子技术发展的需要,又开发出了门极关断晶闸管、双向晶闸管、光控晶闸管、逆导晶闸管一系列派生器件,以及单极型MOS功率场效应晶体管、双极型功率晶体管、静电感应晶闸管、功能组合模块和功率集成电路等新型电力电子器件。20世纪80年代末90年代初发展起来的功率半导体复合器件,如功率MOSFET和IGBT,集高频、高压和大电流等特性于一身,表明传统电力电子技术已经进入了现代电力电子时代。MOSFET、IGBT等电力电子器件由于其先进的性能及明显的节能和功能驱动作用,在绿色电源、通信及计算机电源、变频调速、感应加热、新型家电、电动交通工具等领域都有着广泛的应用前景。

1. IGBT（绝缘栅双极型晶体管）

IGBT可看作双极型大功率晶体管与功率场效应晶体管的组合,如图2-8所示。若施加正向门极电压可形成沟道,提供晶体管基极电流使IGBT导通；若提供反向门极电压则会消除沟道，使 IGBT 因流过反向门极电流而关断。IGBT 集合了 GTR 通态电压降小、载流密度大、耐压高和功率 MOSFET 驱动功率小、开关速度快、输入阻抗高、热稳定性好的优点，而备受人们青睐。IGBT 的开关速度低于功率 MOSFET，明显高于 GTR；IGBT 的通态电压降同 GTR 相近，比功率 MOSFET 低得多；IGBT 的电流、电压等级与 GTR 接近，比功率 MOSFET 高。IGBT 的应用为电力电子装置性能的提高，尤其是逆变器的小型化、高效化、低噪化提供了有利条件。

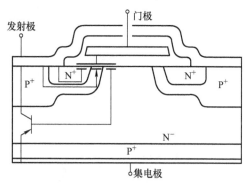

图 2-8　IGBT 构造

2. PIC（功率集成电路）

PIC 是电力电子器件技术与微电子技术相结合的产物，是机电一体化关键的接口元件。PIC 就是将功率器件及其驱动电路、保护电路、接口电路等外围电路集成在一个或几个芯片上，其额定功率应大于 1W。PIC 可以分为高压功率集成电路（HVIC）、智能功率集成电路（SPIC）和智能功率模块（IPM）。

HVIC 由多个高压器件与低压模拟器件或逻辑电路在单个芯片上集成，它的功率器件是横向的，电流容量较小，而控制电路的电流密度较大，因而常用于平板显示驱动、小型电动机驱动及长途电话通信电路等高电压、小电流的场合，已有 110V/13A、550V/0.5A、80V/2A 及 500V/600mA 的 HVIC 用于上述装置。SPIC 由一个或几个纵向结构的功率器件与控制及保护电路集成，电流容量大但耐压能力差，适合作为汽车功率开关、电动机驱动及调压器等。IPM 集成了功率器件和驱动电路，以及过电压、过电流、过热等故障监测电路，还可将监测信号传送至 CPU，保证 IPM 自身在任何情况下不受损坏。目前，IPM 中的功率器件通常为 IGBT。IPM 体积小、可靠性高、使用方便，深受用户喜爱，主要用于交流电动机控制、家用电器等场合。今后，PIC 必将朝着高压化、智能化的方向发展，进入普遍实用阶段。

2.2.3　典型变频器的主电路构成方式

根据构成变频器主电路电力电子器件的不同，变频器可以分为：晶体管变频器、门极关断（GTO）晶闸管变频器、电压型晶闸管变频器、电流型晶闸管变频器、斩波 PAM 变频器、双 PWM 变频器等。

1. 晶体管变频器及其衍生

随着电力电子器件技术的进步，晶体管生产工艺技术不断改进。目前，晶体管以耐压高、电流大、电流放大倍数高、驱动和保护良好为特征，在变频调速技术中扮演着越来越重要的角色，并逐步取代了以晶闸管为开关器件的晶闸管变频器。

晶体管变频器的主电路及波形图如图 2-9 所示，其中 $VD_1 \sim VD_6$ 是全桥整流电路二极管；$VD_7 \sim VD_{12}$ 为续流二极管，其作用是消除晶体管开关过程中的尖峰电压，将能量反馈给电源；L 是平波电抗器，能够抑制整流桥输出直流电流的脉动而使之平滑；$VT_1 \sim VT_6$ 为晶体管开关器件，开关状态由基极注入的电流控制信号来确定。

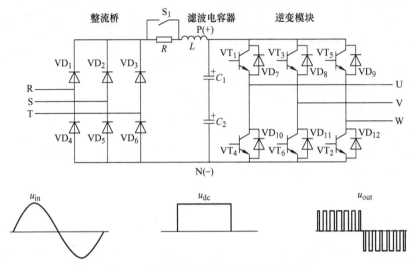

图 2-9　晶体管变频器的主电路和波形图

下面介绍变频器的各组成部分及其功能。

（1）整流桥　三相整流桥由 6 只整流二极管组成，将三相交流电全波整流成直流电，假设电源进线的电压为 U_L，则三相全波整流后平均直流电压 $U_D = 1.35 U_L$。我国三相电源进线的电压为 380V，全波整流后的平均直流电压 $U_D = 1.35 U_L = 1.35 \times 380V = 513V$。

（2）滤波电容器　C_1 和 C_2 为滤波电容，其作用是：滤平整流后的电压纹波；当负载发生变化时，保持直流电压平稳。

（3）缓冲电阻和触点开关　变频器上电瞬间，滤波电容 C_1 和 C_2 上的充电电流比较大，过大的冲击电流可能损坏三相整流桥。为保护整流桥，在电路内串联缓冲电阻 R，限制电容器 C_1、C_2 在变频器接通电源瞬间的充电电流。滤波电容 C_1、C_2 充电电压达到一定值时，触点开关 S_1 接通，将 R 短路。

（4）逆变模块　逆变模块由 6 只晶体器和 6 只续流二极管组成，通过控制晶体器的开关顺序和开关时间，将直流电（图 2-9 中的 u_{dc}）变成频率、电压可变的交流电。电压波形为脉宽调制波（图 2-9 中的 u_{out}）。

晶体管变频器电路有以下优点：无须换流回路，体积小、效率高；如发生过电流或短路，可自动关断基极控制电流从而关断逆变器回路；可以实现高功率因数运行。

目前晶体管变频器已经更多地趋向于采用第三代智能功率模块（IPM）系列产品，采用第三代 IGBT 代替功率 MOSFET 和双极型达林顿管，并集合了功能完善的控制及保护电路，构成一种理想的高频软开关模块，特别适用于正弦波输出的变压变频式变频器中。IPM 系列产品的内部框图如图 2-10 所示，内部主要包括欠电压保护电路、IGBT 驱动电路、过电流保护电路、短路保护电路、温度传感器、过热保护电路、门电路和 IGBT。该系列产品配以 16 位单片机后可组成通用变压变频式变频器。

IPM 有以下主要特点：

1）它内部集成了功率芯片、检测电路及驱动电路，简化了主电路结构。

2）功率芯片采用 IGBT，开关速度快、驱动电流小、自带电流传感器，可以高效地检测出过电流和短路电流，给功率芯片以安全的保护。

3）将电源电路和驱动电路的配线长度做到最短，很好地解决了浪涌电压及噪声影响误动作等问题。

4）自带可靠的安全保护措施，发生故障时能及时关断功率器件并发出信号，对芯片进行双重保护，从而保证了运行的可靠性。

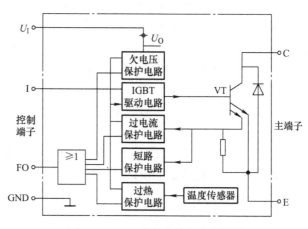

图 2-10 IPM 系列产品的内部框图

2. 门极关断（GTO）晶闸管变频器及其衍生

门极关断（GTO）晶闸管与一般的晶闸管有所不同，GTO 晶闸管不需要换流电路。GTO 晶闸管比电力晶体管的耐压更高、容量更大、可流通电流更大。因此，大容量变频器的开关器件多采用 GTO 晶闸管。

GTO 晶闸管变频器主电路如图 2-11 所示，$VD_1 \sim VD_6$ 组成三相整流桥，P、N 两点间电压为全波直流脉动电压；电抗器 L_1 的作用是抑制脉动；C 为大容量滤波电容，对整流桥输出的脉动电压进行平滑；L_2 为限流电抗器，当负载短路导致流经 GTO 晶闸管开关器件的电流大幅度迅速增加时，L_2 限制电流不超过关断电流以保证 GTO 晶闸管能受控关断；VD 为续流二极管，作用是抑制 GTO 晶闸管关断时两端电压，并为 L_2 提供放电回路。每路 GTO 晶闸管都并联了二极管、电容、电阻，其作用是吸收浪涌电流并保护 GTO 晶闸管不受过电压损伤。6 只 GTO 晶闸管（$VT_1 \sim VT_6$）存在着固定的相位差，其承受电压与流通电流的关系都相同，GTO 晶闸管的门极电压及电流由控制电路给出。

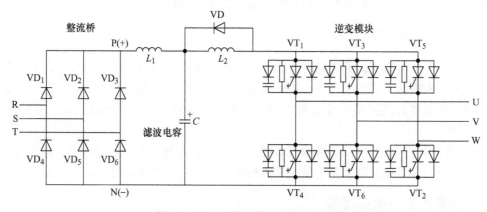

图 2-11 GTO 晶闸管变频器主电路

GTO晶闸管变频器特别适合高电压、大电流和大容量的场合，GTO晶闸管可实现自动关断，因此主电路简单，使整个变频器装置尺寸小、重量轻、效率高，在控制性能上也高于晶闸管同类装置。

然而，GTO晶闸管也有不足之处，即门极为电流控制，驱动电路复杂，驱动功率大（关断增益 $B=3\sim5$）；关断过程中内部存在阴极电流收缩（挤流）效应，必须限制du/dt，因此需要增加缓冲电路（也称吸收电路），而缓冲电路会使变频器体积、重量及成本增大，又会增加损耗，使关断损耗大、开关频率低。在GTO晶闸管的基础上，出现了门极换流晶闸管（GCT），GCT除具有GTO晶闸管高电压、大电流、低导通电压降等优点之外，还改善了导通和关断性能，提高了工作频率。

3. 电压型晶闸管变频器

电压型晶闸管变频器指变频器对于电动机来讲，相当于一个电压源，在其内部进行换流，适用于任何种类的负载。

电压型晶闸管变频器的优点主要有以下几个方面：

1）可采用多重单元并列化，通过一个大容量耦合变压器将各并列单元提供的能量耦合集中输出，容量大。

2）输出电压波形和电流波形更接近正弦波。

3）通用性很强，适用于各种不同的负载。

4. 电流型晶闸管变频器

电流型晶闸管变频器属于电流源供电装置，限制电流比较容易，适用于电动机频繁加速、减速的场合。

大容量的变频器可使用高耐压的晶闸管，采用脉宽调制PWM控制方式，在低速区调速性能也很优异。这种类型的变频器主要适用于钢铁、造纸等行业的变速控制。

5. 斩波PAM变频

PWM调制不适合开关频率高的场合，此时可采用斩波PAM（脉幅调制）控制方式变频器，即通过调节直流电压幅值来实现输出交流电压大小的改变。

6. 双PWM变频器及其衍生

交-直-交电压型变频器的主电路采用三相桥式不可控整流器，功率因数低、电网侧有谐波污染、无法实现能量的再生利用。如整流电路中采用自关断器件进行PWM控制，可使电网侧的输入电流接近正弦波并且使功率因数接近1，从而彻底解决对电网的污染问题，如图2-12所示。

PWM整流器和PWM逆变器无须增加附加电路，就可使功率因数接近1，消除电网侧谐波污染，实现能量双向流动，便于电动机四象限运行，且动态响应时间短。

2.2.4 运算电路与微处理器

随着微处理器的发展，数字控制成为现代控制器的发展趋势，常见的微处理器主要有单

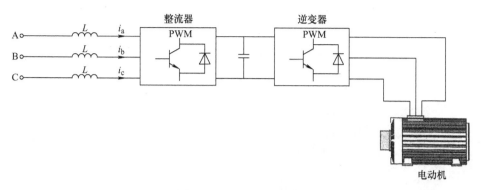

图 2-12 双 PWM 变频器

片机、DSP、RISC、ASC 等。

(1) 单片机　20 世纪 70 年代开始，单片机被广泛应用于交流调速系统中。其最大的优点是在同一个芯片中可以进行各种条件判断，并做出相应处理。采用单片机控制的变频器控制系统，具有控制精度高、稳定性好的优点，且日益小型化。

(2) DSP（数字信号处理器）　它具有高时钟频率、可浮点运算等特点。DSP 的速度最高可达为 20~40MIPS（即每秒 20~40 百万条指令），单周期指令执行时间只有几十纳秒，是普通单片机数字运算能力的 10~15 倍，系统控制性能更加强大。

(3) RISC（简指令集计算机）　RISC 通过优化硬件和软件组合以提高速度，放弃某些运算复杂但用处不大的指令，以提高简单指令的运算速度和软件运行的整体效率。简指令集计算机是一种矢量处理器，在给定的周期内能并行执行多条指令，其运算速度达数百 MIPS，比 DSP 还要高出许多。

(4) ASC（高级专用集成电路）　其用来完成特定的控制功能。如德国 IAM 推出的 VE-CON，就是一个交流变频与伺服系统的单片机矢量控制器，它包含控制器、能完成矢量运算的 DSP、PWM 定时器、其他外围和接口电路。ASIC 被集成在一个芯片之内，可靠性大为提高，成本也降了下来。

采用微处理器控制的变频器具有以下 3 个特点：

(1) 可靠性、稳定性增强。采用集成电路，使硬件的连线和芯片数量大大降低，故障点减少；采用数字量控制，减小信号畸变，系统更加稳定。

(2) 控制精度高、实时响应快。通用变频器采用 16 位或 32 位微处理器，字长越大，精度越高。另外，微处理器的计算速度高，实时响应能力强。

(3) 存储能力强、软件更灵活。变频器采用高性能的微处理器，可以储存更多的功能码参数和历史数据记录。另外，软件的应用更加贴近用户，更加灵活。

2.2.5　驱动电路与开关电源

1. 驱动电路

驱动电路用于将主控电路中 CPU 所产生的 6 个 PWM 信号经光耦隔离和放大后，作为逆变模块的驱动信号。随着技术的发展，驱动电路经历了从插脚式元件的驱动电路到光耦驱动电路，再到厚膜驱动电路，以及集成驱动电路。

驱动电路通常由隔离放大电路、驱动放大电路及驱动电源三部分组成。图 2-13 所示为典型的 IGBT 驱动结构，图 2-14 所示为典型的变频器驱动放大电路。

图 2-13　IGBT 驱动结构

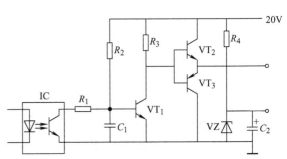

图 2-14　变频器驱动放大电路

（1）隔离放大电路　隔离放大电路对 PWM 信号起隔离和放大的作用，目的是保护变频器主控电路中的 CPU。CPU 送出 PWM 信号后，首先通过光耦隔离集成电路将驱动电路与 CPU 隔离，当驱动电路发生故障或损坏时，不会损坏 CPU。根据信号相位的需要可将隔离电路分为反相隔离电路和同相隔离电路两种，如图 2-15 所示。

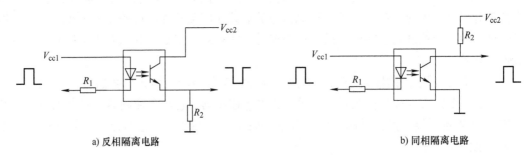

图 2-15　隔离电路的原理图

（2）驱动放大电路　驱动放大电路将光耦隔离后的信号进行功率放大，通常采用双管互补放大电路。驱动大功率变频器时，驱动放大电路需采用二级驱动放大。另外，为保证 IGBT 的驱动信号幅值在安全范围内，驱动放大电路输出端需串联两个极性相反连接的稳压二极管。

（3）驱动电源　图 2-16a 所示为典型的驱动电源电路，作用是给光耦隔离集成电路的输出部分和驱动放大电路提供电源。驱动电路的输出在 U_p 与 U_VS 之间，当驱动信号为低电平时，驱动输出电压为负值（约为 $-U_\text{VS}$），保证可靠截止，提高了驱动电路的抗干扰能力。

2. 开关电源

开关电源指通过控制电路，使电子开关器件（如晶体管、场效应晶体管、晶闸管等）不停地"接通"和"关断"，从而对输入电压进行脉冲调制，以实现 DC‐AC、DC‐DC 电压变换，并输出可调电压和自动稳压。

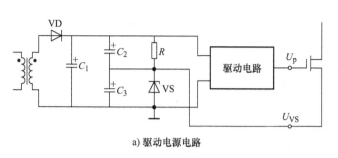 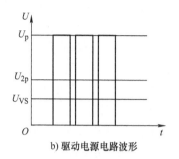

a) 驱动电源电路　　　　　　　　　　　b) 驱动电源电路波形

图 2-16　驱动电源电路及波形

根据开关器件在电路中的连接方式，可将开关电源分为串联式开关电源、并联式开关电源和变压器式开关电源三大类。

图 2-17a 所示为最简单的串联式开关电源电路，其中 U_i 为开关电源的工作电压，即直流输入电压，S 为控制开关，R 为负载。S 接通时，开关电源向 R 输出一个脉冲宽度为 T_{on}、幅值为 U_i 的脉冲电压 U_p；S 关断时，相当于向 R 输出一个脉冲宽度为 T_{off}、幅值为 0 的脉冲电压。通过控制开关 S 不停地"接通"和"关断"，在 R 两端便可得到一个脉冲调制电压 u_o。

图 2-17b 所示为串联式开关电源输出电压的波形，由图中可以看出，输出电压 u_o 是一个脉冲调制方波，脉冲幅值为输入电压 U_i，脉冲宽度为 S 的接通时间 T_{on}，因此串联式开关电源输出电压 u_o 的平均值 U_a 为

$$U_a = U_i \frac{T_{on}}{T} = DU_i$$

式中，T_{on} 为 S 接通的时间；T 为 S 的工作周期。

改变控制开关 S 接通时间 T_{on} 与关断时间 T_{off} 的比例，就可以改变输出电压 u_o 的平均值 U_a。通常称 $\frac{T_{on}}{T}$ 为占空比（Duty），用 D 来表示，即

$$D = \frac{T_{on}}{T} = \frac{T_{on}}{T_{on} + T_{off}}$$

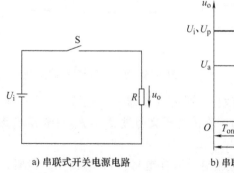 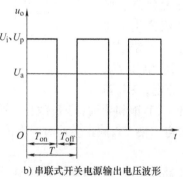

a) 串联式开关电源电路　　　　　　　b) 串联式开关电源输出电压波形

图 2-17　开关电源

串联式开关电源输出电压 u_o 的幅值等于输入电压 U_i，平均值 U_a 总是小于输入电压 U_i，

由于通常是以平均值 U_a 为变量输出电压,所以串联式开关电源属于降压型开关电源。

串联式开关电源也称为斩波器,优点在于工作原理简单、效率高,因此广泛应用于输出功率控制方面;其缺点是输入与输出共用一个地,容易产生 EMI 干扰和底板带电,从而引起触电,对人身不安全。

典型变频器开关电源电路如图 2-18 所示,它由变压器、整流电路、取样电路、比较电路、脉冲调宽电路和开关管组成。工作过程如下:直流电压 P 端接高频脉冲变压器一次绕组的一端,开关管串接脉冲变压器一次绕组的另一端,再接到直流电压 N 端;开关管周期地导通、截止,将直流电压变换成矩形波,通过脉冲变压器耦合到二次绕组,经过整流电路,获得直流输出电压;然后对输出电压进行取样比较,通过控制脉冲调宽电路改变脉冲宽度,从而获得稳定的输出电压。

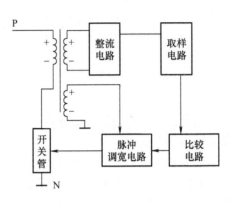

图 2-18 变频器开关电源电路

图 2-19 所示为一典型的变频器开关电源实例,包括自激振荡电路、稳压电路和直流电压输出电路等。

(1) 自激振荡电路 自激振荡电路由开关管 VT_3、脉冲变压器一次绕组、晶体管 VT_2 及相应元器件组成。变频器接通电源以后,主电路产生直流电压通过电阻 $R_{37} \sim R_{40}$ 对电容 C_8 充电,VT_3 基极上的电压随 C_8 充电而上升,VT_3 进入放大状态。脉冲变压器一次绕组产生上正下负的电压 U_1,二次绕组产生 3 正 4 负的感应电压 U_2,经 R_{29} 对 C_7 进行充电,VT_2 基极电位随之上升,VT_2 饱和导通,VT_3 截止。脉冲变压器一次电流为 0、3、4 端二次电压为 0,C_7 通过 R_{29} 放电,使 VT_2 截止。此时,直流电压又通过 $R_{37} \sim R_{40}$ 对电容 C_8 进行充电,重复上述过程。

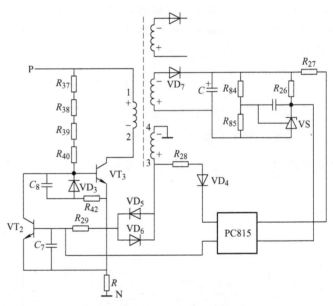

图 2-19 变频器开关电源实例

(2) 稳压电路 R_{84} 和 R_{85} 为输出直流电压取样电阻,VS 为稳压二极管,经过光耦合器 PC815 隔离后控制晶体管 VT_2 的导通。该稳压电路为单向稳压,即当输出电压过高时,稳压电路能输出直流电压,并使电压值稳定;当输出电压过低时,则不起稳压作用。

(3) 直流电压输出电路 直流电压输出电路由脉冲变压器的二次绕组接上整流二极管

和滤波电容组成,由于开关电路中的脉冲信号频率较高,整流二极管应采用高频二极管,滤波电容的容量可以比工频整流电路中滤波电容的容量小一些。

2.3 变频器的控制方式

变频器的控制方式是指变频器对异步电动机进行变频调速时,改善异步电动机机械性能和调速性能的方式。因此,即使变频器的主电路一样、逆变器件一样、单片机位数也一样,只要控制方式不同,控制效果也不同。控制方式代表着变频器的水平,是非常重要的。目前变频器的控制方式有变频变压(U/f)控制、转差频率控制、矢量控制和直接转矩控制等。

1. 变频变压(U/f)控制

异步电动机调速时若仅仅改变变频器输出的交流电频率,并不能正常调速,还必须同步改变变频器的输出电压,这是为什么呢?

(1) 变频对异步电动机定子绕组反电动势的影响　异步电动机的轴转速为 $n = \dfrac{60f}{p}(1-s)$,只要平滑地调节异步电动机的供电频率 f,就可以平滑地调节异步电动机的转速,实现调速控制。

异步电动机在调速时,电动机定子绕组感应电动势 E 的有效值为

$$E = 4.44 k_N f N \Phi_m$$

式中,E 为旋转磁场切割定子绕组产生的感应电动势(V);f 为定子供电频率(Hz);N 为定子每相绕组的串联匝数;k_N 为与绕组有关的结构常数;Φ_m 为每极气隙主磁通(Wb)。

由上式可知,如果定子绕组感应电动势的有效值 E 不变,则改变定子供电频率时会出现下面两种情况:

1) 如果 f 大于电动机的额定频率 f_N,气隙主磁通 Φ_m 就会小于额定气隙主磁通 Φ_{mN},结果是电动机的铁心没有得到充分利用,造成浪费。

2) 如果 f 小于电动机的额定频率 f_N,气隙主磁通 Φ_m 就会大于额定气隙主磁通 Φ_{mN},结果是电动机的铁心产生过饱和,从而导致过大的励磁电流,使电动机功率因数和效率下降,严重时会因绕组过热烧坏电动机。

由此可见,变频调速时,单纯调节频率的办法是行不通的。因此,要实现变频调速,且在不损坏电动机的情况下充分利用电动机铁心,应保持每极气隙主磁通 Φ_m 不变。

(2) 额定频率以下的调速　由感应电动势 E 的计算公式可知,要保持气隙磁通 Φ_m 不变,当频率 f 从额定频率 f_N 向下调节时,必须降低 E,使 E/f = 常数,即采用电动势与频率之比恒定的控制方式。但绕组中的感应电动势不易直接控制,当电动势较高时,可以认为电动机的输入电压 $U = E$,即可通过控制 U 达到控制 E 的目的,即保持 U/f = 常数。

通过以上分析可知,在额定频率以下($f < f_N$)调速时,调频的同时也要减电压。

在恒压频比条件下改变频率时,异步电动机的机械特性基本上是平行下移的,不同的运行速度,电动机输出的转矩恒定,如图 2-20 所示。因此,额定频率以下的调速属于恒转矩调速。

需要注意的是，当频率较低，即电动机低速运行时，U 和 E 都较小，电动机定子绕组上的电压降不能忽略。这种情况下，可以人为地提高定子电压以补偿定子电压降的影响，使气隙主磁通基本保持不变。如图 2-21 所示，其中曲线 1 为 $U/f =$ 常数时的电压-频率关系曲线，曲线 2 为有电压补偿时（近似的 $E/f =$ 常数）的电压-频率关系曲线。

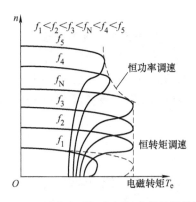

图 2-20 异步电动机变频调速的机械特性

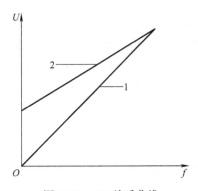

图 2-21 U/f 关系曲线

(3) 额定频率以上的调速　当电动机超过额定频率 f_N 工作时，由于电压 U 受其额定电压 U_N 的限制不能再升高，只能保持 $U = U_N$ 不变。必然使气隙主磁通 Φ_m 随着 f 的上升而减小，电动机的最大电磁转矩也减小，机械特性上移，但电动机的转速与转矩的乘积（即电动机的输出功率）却保持不变，如图 2-20 中恒功率调速部分所示。因此，额定频率以上的调速属于恒功率调速。

把额定频率以下的调速和额定频率以上的调速结合起来，可得到变频器的基本控制曲线，如图 2-22 所示。

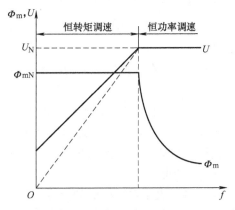

图 2-22 变频器的基本控制曲线

(4) 变频变压的实现方法　要使变频器在频率变化的同时电压也同步变化，并且保持 $U/f =$ 常数，通常采用正弦脉宽调制（Sinusoidal Pulse Wide Modulation，SPWM）的方法。

脉宽调制（PWM）的指导思想是将输出电压分解成很多脉冲，调频时控制脉冲的宽度和脉冲间的间隔时间，进而控制输出电压的幅值，如图 2-23 所示。

从图 2-23 中可以看到，脉冲的宽度 τ_1 越大，脉冲的间隔 τ_2 越小，输出电压的平均值就越大。为了说明 τ_1、τ_2 和电压平均值之间的关系，引入了占空比的概念。所谓占空比，是指脉冲宽度与 1 个脉冲周期的比值，用 D 表示，即

$$D = \frac{\tau_1}{\tau_1 + \tau_2}$$

由此可以说，输出电压的平均值与占空比成正比，调节电压输出就可以转变为调节脉冲的宽度，所以叫作脉宽调制。图 2-23a 所示为调制前的波形，电压周期为 T，图 2-23b 所示为调制后的波形，电压周期为 T'，与图 2-23a 相比，图 2-23b 所示的电压周期变大（即频率

降低），电压脉冲的幅值不变，则占空比减小，故平均电压降低。

由于变频器的输出是正弦交流电，即输出电压的幅值是按正弦波规律变化的，所以在1个周期内的占空比也必须是变化的。也就是说，在正弦波的幅值部分，D 取大一些；在正弦波到达零处，D 取小一些，如图 2-24 所示。

可以看到，这种脉宽调制的占空比是按正弦规律变化的，因此这种调制方法被称为正弦波脉宽调制（SPWM）。在 SPWM 的脉冲系列中，各脉冲的脉冲宽度 τ_1 和脉冲间隔 τ_2 都是变化的。

那么变频器的 SPWM 是如何产生的呢？通常是利用 3 个互差 120°、既变幅又变频的正弦波参考电压波 u_{rU}、u_{rV}、u_{rW} 与载频三角波 u_c 互相比较后，得到三相幅值不变而宽度按照正弦规律变化的脉冲调制波，去控制逆变管的通断时间进行调压、调频。经过 SPWM 调制的变频器 U、V、W 三个端子输出的电压波形 u_U、u_V、u_W 如图 2-25 所示。

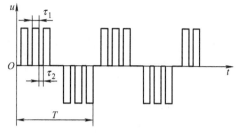

a) 调制前的波形

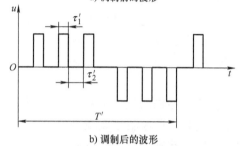

b) 调制后的波形

图 2-23　脉宽调制的输出电压

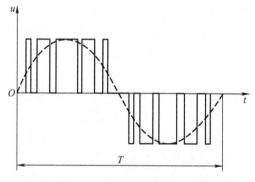

图 2-24　SPWM 的输出电压

2. 转差频率控制

（1）转差频率控制的基本思想　转差频率是指施加于电动机的交流电源频率与电动机转速的差频率。由异步电动机稳定数学模型可知，当频率一定时，异步电动机的电磁转矩正比于转差率，机械特性为直线。转差频率控制就是通过控制转差频率来控制转矩和电流。其基本思想是通过检测电动机的实际转速，根据设定频率与实际频率的差值对输出频率进行连续调节，使输出频率始终满足电动机设定转速的要求。其基本结构是转速闭环控制系统，在调整转速的同时，对输出转矩也进行了控制。

（2）转差频率控制的特点及应用　转差频率控制与 U/f 控制方式相比，可以实现更高的调速精度和更好的转矩特性，使系统的调速精度、加减速特性及限制过电流的能力大大提高，有助于改善异步电动机变频调速系统的静态和动态特性。但由于要检测电动机转速，系统结构复杂，通用性较差。当生产工艺需要更高的静态和动态特性指标时，需要采用矢量控制来满足更高的工业应用要求。

3. 矢量控制

矢量控制是通过控制变频器输出电流的大小、频率及相位，维持电动机内部的磁通为设定值，产生所需的转矩。它是从直流电动机的调速方法中得到启发，利用现代计算机技术解决了大量的计算问题，进而使得矢量控制方式得到了成功的实施，成为高性能的异步电动机控制方式。

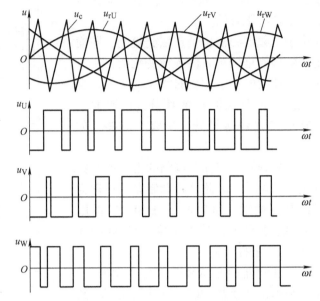

图 2-25　变频器 U、V、W 端子输出电压波形

（1）矢量控制的理论基础　异步电动机的矢量控制建立在动态数学模型的基础上。下面仅就矢量控制的概念做简要说明。

1）直流电动机的调速特征。直流电动机具有两套绕组，即励磁绕组和电枢绕组，它们产生的磁场在空间上互差 π/2 电角度，两套绕组在电路上是互相独立的。直流电动机的励磁绕组流过励磁电流 I_F 时产生主磁场（磁通为 Φ_M），电枢绕组流过负载电流 I_A 时产生电枢磁场（磁通为 Φ_A），两磁场在空间互差 π/2 电角度。直流电动机的电磁转矩为

$$T = C_T \Phi_M I_A$$

当励磁电流 I_F 恒定时，Φ_M 的大小不变，直流电动机所产生的电磁转矩 T 和电枢电流 I_A 成正比，因此调节 Φ_A 就可以调速。而当 I_A 一定时，控制 I_F 的大小可以调节 Φ_M，也就可以调速。这就是说，只需要调节两个磁场中的一个就可以对直流电动机进行调速。这种调速方法使直流电动机具有良好的控制性能。

2）异步电动机的调速特征。异步电动机虽然也有两套绕组，即定子绕组和转子绕组，但只有定子绕组和外部电源相接，定子电流是从电源吸取的电流，转子电流是通过电磁感应产生的感应电流。因此，异步电动机的定子电流应包括两个分量：励磁分量和负载分量。励磁分量用于建立磁场；负载分量用于平衡转子电流磁场。

3）直流电动机与交流电动机的比较：

① 直流电动机的励磁回路和电枢回路相互独立，而异步电动机将两者都集中于定子回路。

② 直流电动机的主磁场和电枢磁场互差 π/2 电角度。

③ 直流电动机是通过独立调节两个磁场中的一个来进行调速的，但异步电动机做不到。

4）对异步电动机调速的思考。既然直流电动机的调速有那么多的优势，调速后电动机的性能又很优良，那么能否将异步电动机的定子电流分解成励磁电流和负载电流并分别进行控制，而它们所形成的磁场在空间上也能互差 π/2 电角度？如果能实现上述设想，异步电动机的调速就可以和直流电动机相差无几了。

（2）矢量控制中的等效变换　异步电动机的定子电流实际上就是电源电流，将三相对

称电流通入异步电动机的定子绕组中,就会产生一个旋转磁场,这个磁场就是主磁场,主磁通为 Φ_M。设想一下,如果将直流电流通入某种形式的绕组中,也能产生和上述旋转磁场一样的 Φ_M,那么就可以通过控制直流电流来实现先前所说的调速设想。

1) 坐标变换的概念。由三相异步电动机的数学模型可知,研究其特性并控制运行时,两相比三相简单,直流控制比交流控制更方便。为了对三相系统进行简化,就必须对电动机的参考坐标系进行变换,这就称为坐标变换。在研究矢量控制时,定义有 3 种坐标系,即三相静止坐标系 (3s)、两相静止坐标系 (2s) 和两相旋转坐标系 (2r)。

众所周知,交流电动机三相对称的静止绕组 U、V、W 通入三相平衡的正弦电流 i_U、i_V、i_W 时,所产生的合成磁动势是旋转磁动势 F,它在空间中呈正弦分布,并以同步转速 ω_1 按 U、V、W 相序旋转,其等效模型如图 2-26a 所示。图 2-26b 则给出了两相静止绕组 α 和 β,它们在空间中互差 90°,再通过时间上互差 90°的两相平衡交流电流,也能产生旋转磁动势,与三相等效。图 2-26c 则给出两个匝数相等且互相垂直的绕组 M 和 T,在其中分别通以直流电流 i_M 和 i_T,在空间产生合成磁动势 F。如果让包含两个绕组在内的铁心(图中以圆表示)以同步转速 ω_1 旋转,则磁动势 F 也随之旋转成为旋转磁动势。如果能把这个旋转磁动势的大小和转速也控制成 U、V、W 和 α、β 坐标系中的磁动势一样,那么,这套旋转的直流绕组也就和这两套交流绕组等效了。当观察者站到铁心上和绕组一起旋转时,会看到 M 和 T 是两个通以直流而相互垂直的静止绕组,如果使磁通矢量 Φ 的方向在 M 轴上,则其和一台直流电动机模型没有本质上的区别。可以认为,绕组 M 相当于直流电动机的励磁绕组,绕组 T 相当于电枢绕组。

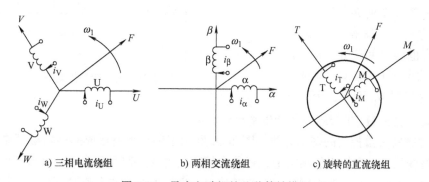

a) 三相电流绕组　　b) 两相交流绕组　　c) 旋转的直流绕组

图 2-26　异步电动机的几种等效模型

2) 三相/两相 (3s/2s) 变换。三相静止坐标系 U、V、W 和两个静止坐标系 α、β 之间的变换,称为 3s/2s 变换。变换原则是保持变换前后的功率不变。

设三相对称绕组(各相匝数相等、电阻相同、互差 120°空间角)内通入三相对称电流 i_U、i_V、i_W 形成定子磁动势,用 F_3 表示,如图 2-27a 所示。两相对称绕组(匝数相等、电阻相同、互差 90°空间角)内通入两相电流后产生定子旋转磁动势,用 F_2 表示,如图 2-27b 所示。适当选择和改变两套绕组的匝数和电流,即可使 F_3 和 F_2 的幅值相等。若将这两种绕组产生的磁动势置于同一图中比较,并使 F_α 与 F_U 重合,即完成三相/两相 (3s/2s) 变换,如图 2-27c 所示。

3) 两相/两相 (2s/2r) 旋转变换。两相/两相旋转变换又称为矢量旋转变换,因为 α、β 绕组在静止的直角坐标系 (2s) 上,而 M、T 绕组则在旋转的直角坐标系 (2r) 上,所以

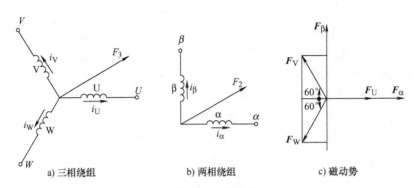

图 2-27 绕组磁动势的等效关系

变换的运算功能由矢量旋转变换来完成。图 2-28 所示为旋转变换矢量图。

在图 2-28 中，静止坐标系的两相交流电流 i_α、i_β 和旋转坐标系的两相直流电流 i_M、i_T 均合成为 i_1，产生以转速 ω_1 旋转的磁动势 F_1，由于 $F_1 \propto i_1$，故在图上可用 i_1 代替 F_1。图中的 i_α、i_β、i_M、i_T 实际上是磁动势的空间矢量，而不是电流的时间相量。设磁通矢量为 Φ，并固定于 M 轴上，Φ 和 α 轴的夹角为 φ，φ 是随时间变化的，这就表示 i_1 的分量 i_α、i_β 的值也随时间变化。i_1（F_1）和 Φ 之间的夹角 θ_1 表示空间的相位角。稳态运行时 θ_1 不变，因此 i_M、i_T 大小不变，说明 M、T 绕组只是产生直流磁动势。

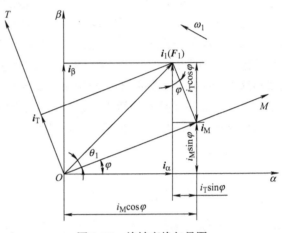

图 2-28 旋转变换矢量图

(3) 变频器矢量控制的基本方法　图 2-26 所示三种绕组所形成的旋转磁场中，旋转的直流绕组磁场无论是在绕组的结构上，还是在控制的方式上都和直流电动机最相似，可以设想有两个相互垂直的直流绕组同处一个旋转体上，通入的是直流电流 i_M^* 和 i_T^*，其中 i_M^* 为励磁电流分量，i_T^* 为转矩电流分量。它们都是由变频器给定信号分解而来的（*表示变频器的控制信号）。经过直/交变换，将 i_M^* 和 i_T^* 变换成两相交流信号 i_α^* 和 i_β^*，再经两相/三相变换，得到三相交流控制信号 i_U^*、i_V^*、i_W^* 去控制三相逆变器，如图 2-29 所示。

因此，控制 i_M^* 和 i_T^* 中任意一个，就可以控制 i_U^*、i_V^*、i_W^*，也就控制了变频器的交流输出。通过以上变换，成功地将交流电动机的调速转化成控制两个电流量 i_M^* 和 i_T^*，从而更接近直流电动机的调速。

图 2-29 中的反馈信号一般有电流反馈信号和速度反馈信号两种：电流反馈用于反映负载的状态，使电流能随负载而变化；速度反馈反映出拖动系统的实际转速和给定值之间的差异，从而以最快的速度进行校正，提高了系统的动态性能。一般的矢量控制系统均需要速度传感器，然而速度传感器会使整个传动系统不可靠，安装也很麻烦，因此现代的变频器通常

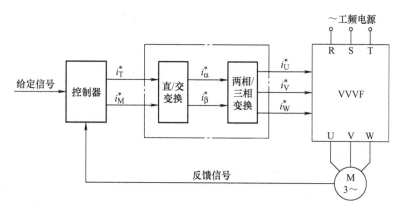

图 2-29 矢量控制示意图

使用无速度传感器矢量控制技术,它的速度反馈信号不是来自于速度传感器,而是通过 CPU 对电动机的一些参数进行计算得到的一个转速值。对于很多新系列的变频器都设置了"无反馈矢量控制"这一功能,这里"无反馈",是指不需要用户在变频器的外部再加其他的反馈环节,而矢量控制时变频器内部还是存在反馈的。

4. 直接转矩控制

(1) 直接转矩控制的基本思想　直接转矩控制是继矢量控制之后发展起来的另一种高性能的异步电动机控制方式,该技术在很大程度上解决了上述矢量控制的不足,并以新颖的控制思想、简洁明了的系统结构、优良的动静态特性得到了迅速发展。

直接转矩控制的基本思想:在准确观测定子磁链的空间位置和大小并保持其幅值基本恒定以及准确计算负载转矩的条件下,通过控制电动机的瞬时输入电压来控制电动机定子磁链的瞬时旋转速度,改变它对转子的瞬时转差率,从而达到直接控制电动机输出的目的。

直接转矩控制直接在定子坐标系下分析交流电动机的数学模型,控制电动机的磁链和转矩。它不需要将交流电动机等效为直流电动机,从而省去了矢量控制中的许多复杂计算;它不需要模仿直流电动机的控制,也不需要为解耦而简化交流电动机的数学模型。

(2) 直接转矩控制的特点及应用　不同于矢量控制,直接转矩控制具有鲁棒性强、转矩动态响应性好、控制结构简单、计算简便等优点。它在很大程度上解决了矢量控制中结构复杂、计算量大、对参数变化敏感等问题,然而作为一种诞生不久的新理论和新技术,自然有其不完善和不成熟之处:一是在低速区,由于定子电阻的变化带来了一系列问题,主要是定子电流和磁链的畸变非常严重;二是低速时转矩脉动大,因而限制了调速范围。

随着现代科学技术的不断发展,直接转矩控制技术必将有所突破,具有广阔的应用前景。目前,该技术已成功应用在电力机车牵引的大功率交流传动上。

本章小结

本章主要介绍了变频器的有关基础知识,变频器是利用电力半导体器件的通、断作用将固定频率、电压的交流电变换为频率、电压都连续可调的交流电的装置,主要用于对异步电动机进行调速控制。还介绍了变频器主电路和控制电路的基本结构和工作原理。最后对变频器常用控制方式——变频变压（U/f）控制、转差频率控制、矢量控制和直接转矩控制的原理及各自的优缺点进行了讲解。

思考与练习

一、填空

1. 三相异步电动机的转速与_____、_____和_____有关。
2. 目前，中小型变频器中普遍采用的电力电子器件是_____。
3. 变频器是把电压和频率固定的工频交流电变为_____的交流电的变换器。
4. PWM 控制方式的含义是_____。
5. 正弦波脉冲宽度调制英文缩写是_____。
6. 变频调速时，基频以下的调速属于_____调速，基频以上的调速属于_____调速。

二、简答

1. 交流电动机有哪些调速方式？它们之间有什么区别？
2. 变频器主电路由哪几部分组成？各部分的作用是什么？
3. 变频器的主电路有哪几种类型？
4. 变频器的控制方式有哪些？各有什么特点？

第 3 章 变频器的基本运行操作

变频器的运行模式主要有 5 种：面板运行模式（PU 运行模式）、外部运行模式（EXT 运行模式）、组合运行模式 1、组合运行模式 2 以及网络运行模式（NET 运行模式）。PU 运行模式通过面板发出起动指令和频率指令，此时应设置 Pr. 79 = 0 或 1；EXT 运行模式通过开关发出起动指令和频率指令，此时应设置 Pr. 79 = 0 或 2；两种组合运行模式的起动指令和频率指令由面板和外部分别发出，此时应设置 Pr. 79 = 3 和 4。

本章学习目标见表 3-1。

表 3-1 本章学习目标

序号	名　称	学习目标
3.1	认识变频器的操作面板	掌握变频器面板操作方法及显示特点；掌握变频器面板上各个按键的功能
3.2	变频器 PU 运行的操作	掌握变频器主电路接线图并正确接线；掌握变频器运行模式的转换；正确理解变频器参数的含义；掌握变频器参数设置的方法
3.3	变频器外部运行的操作	熟悉变频器外部运行操作涉及的功能参数并能正确设置；掌握变频器控制电动机实现正、反转；掌握变频器控制电动机实现三段速、七段速、十五段速调速
3.4	变频器的组合运行模式	了解变频器组合运行模式及相应的参数设置；熟悉变频器组合运行模式的接线及调试

3.1 认识变频器的操作面板

使用变频器之前，首先要熟悉它的面板显示和键盘操作单元，并且按照使用现场的要求合理设置参数。本书以三菱 FR - D700 变频器为例，操作面板如图 3-1 所示，其上半部为监视器及指示灯，下半部为各种按键。

表 3-2 为 FR - D700 变频器操作面板指示灯及按键作用说明。

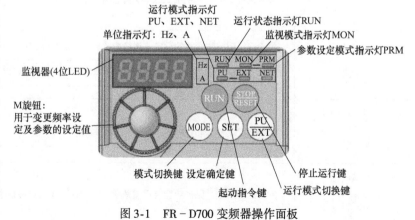

图 3-1 FR - D700 变频器操作面板

表 3-2　FR-D700 变频器操作面板指示灯及按键作用说明

指示灯/按键	作 用 说 明
运行模式指示灯	PU：PU 运行模式时亮灯 EXT：外部运行模式时亮灯 NET：网络运行模式时亮灯 PU、EXT：PU/外部组合运行时亮灯
单位指示灯	Hz：显示频率时亮灯 A：显示电流时亮灯 Hz、A：显示电压时熄灯，显示设定频率监视时闪烁
监视器（4 位 LED）	显示频率、参数编号等
运行状态指示灯 RUN	变频器动作中亮灯或闪烁： 亮灯：电动机正转运行中 缓慢闪烁（1.4s 循环）：电动机反转运行中 快速闪烁（0.2s 循环）：按 RUN 键或输入起动指令都无法运行；有起动指令，频率指令在起动频率以下；输入了 MRS 信号
监视模式指示灯 MON	监视模式时亮灯
参数设定模式指示灯 PRM	参数设定模式时亮灯
M 旋钮	用于变更频率设定及参数的设定值。按该旋钮可显示以下内容：监视模式时的设定频率；校正时的当前设定值；错误历史模式时的顺序
模式切换键 (MODE)	用于切换各设定模式。和 (PU/EXT) 同时按下也可以用来切换运行模式。长按该键 2s 可以锁定操作
运行模式切换键 (PU/EXT)	用于切换面板/外部运行模式。使用外部运行模式（通过外接的频率设定旋钮和起动信号起动的运行）时请按此键，使表示运行模式的 EXT 处于亮灯状态。切换至组合模式时，可同时按 (MODE)（0.5s），或者变更参数 Pr.79 PU：PU 运行模式，EXT：外部运行模式 该键也可以用于解除在 EXT 模式下使用 (STOP/RESET) 停止
设定确认键 (SET)	用于确定频率和参数的设定，运行中按此键则监视器出现以下显示： 运行频率 → 输出电流 → 输出电压
起动指令键 (RUN)	起动指令，通过 Pr.40 的设定，可以选择旋转方向
停止运行键 (STOP/RESET)	停止运行指令，保护功能（严重故障）生效时，也可以进行报警复位

3.2 变频器 PU 运行的操作

3.2.1 变频器的 PU 运行模式

1. 变频器的接线端子

变频器与外界的联系是通过端子来实现的。三菱 FR-D700 变频器外部端子示意图如图 3-2 所示,其外部端子分为两部分:一部分是主电路接线端子;另一部分是控制电路接线端子。三菱 FR-D700 变频器所接电源有两种情况:一种接三相交流电源;另一种接单相交流电源。这要根据实际使用的变频器外部端子来决定。

2. 绘制并连接变频器的主电路

变频器的主电路是指从电源到变频器,再到电动机的一条电路,其接线图如图 3-3 所示。

3. 操作步骤

设定频率来进行试运行,让电动机以 50Hz 运行,写出操作步骤。
操作步骤分解图如图 3-4 所示。
1) 上电,EXT、MON 指示灯亮,此时,按 RUN 键,观察电动机是否运转?
2) 切换到 PU 运行模式:按 PU/EXT 键,PU、MON 指示灯亮;此时,按 RUN 键,观察电动机是否运转?
3) 切换到 PU 运行模式后,旋转 M 旋钮,数值调节为 50,按 SET 键,监视器出现 F 和频率 50 闪烁,频率设定完成,按 RUN 键,电动机以 50Hz 运转。
4) 按 STOP 键,电动机停转。

4. Pr.79 参数值的设定

FR-D700 变频器通过参数 Pr.79 来设定变频器的运行模式,设定值范围为 0~7。变频器出厂时,参数 Pr.79 的设定值为 0,当停止运行时可以根据实际需要修改其设定值。

要求:请根据下述修改 Pr.79 设定值的方法将 Pr.79 分别设定为 1~4,观察各指示灯的状态并记录在表 3-3 中。

表 3-3 Pr.79 与指示灯的关系

Pr.79 设定值	指示灯状态显示
1	PU、MON 指示灯亮
2	PU、MON 指示灯亮
3	PU、EXT、MON 指示灯亮
4	PU、EXT、MON 指示灯亮

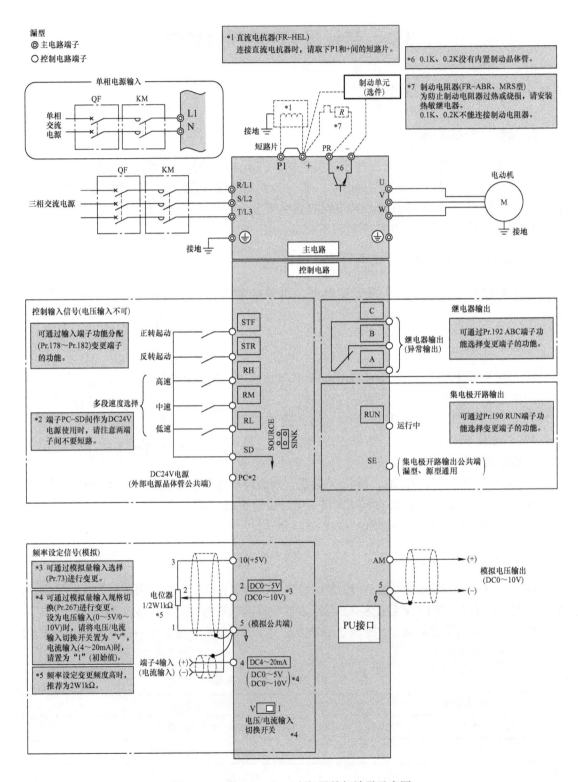

图 3-2 三菱 FR-D700 变频器外部端子示意图

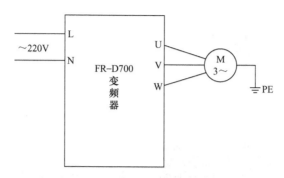

图 3-3 变频器主电路接线图

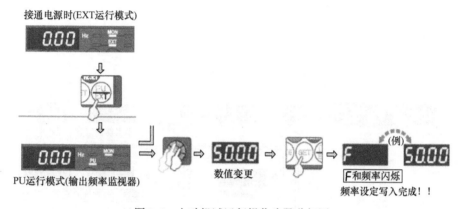

图 3-4 电动机试运行操作步骤分解图

操作步骤：按 MODE 键使变频器进入参数设定模式；旋动 M 旋钮，选择参数 Pr. 79，按 SET 键一次确定，然后再旋动 M 旋钮选择合适的设定值，再按 SET 键一次确定，然后再按两次 MODE 键，变频器的运行模式将变更为监视模式，如图 3-5 所示。

【例】设置 Pr. 79 参数，使变频器在 PU 运行模式下，再设定频率让电动机以 50Hz 的频率运转。

操作步骤：变频器工作在 PU 运行模式下时，Pr. 79 的值可以为 0，也可以为 1，为 0 时，可以通过 PU/EXT 键切换到 PU 指示灯亮，在保证只有 PU、MON 指示灯亮的情况下，调整 M 旋钮至 50Hz，按下 SET 键确认，然后按 RUN 键，电动机则以 50Hz 的频率运转，运转完毕后，按下 STOP 键，电动机停转。

3.2.2 变频器的参数设置

参数设置是变频器操作的一项重要工作，本书主要通过实验的方式对常见变频器参数作用进行验证，并对参数设置过程中的注意事项进行说明。

实验 1：先设置 Pr. 79 = 2，再设置 Pr. 1 = 50，观察有什么异常情况出现，并记录下来。

Pr. 79 = 2 时，EXT、MON 指示灯亮，此时设置 Pr. 1 = 50，监视器上出现了 Er4 与 50 交替闪烁的情况，即变频器出现报错。

原因：进行参数设置时，要选择 PU 运行模式，即 PU 指示灯亮（可使 Pr. 79 = 0 或 1），

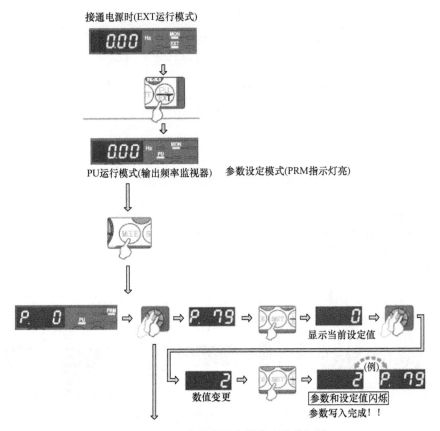

图 3-5　Pr. 79 参数值设定操作步骤分解图

然后再改变其参数值。

实验 2：验证 Pr. 1、Pr. 2、Pr. 13、Pr. 18 之间的关系。

Pr. 1 为上限频率，Pr. 2 为下限频率，Pr. 13 为起动频率，Pr. 18 为高速上限频率，这四个参数具体有什么含义以及它们之间存在着什么样的关系呢？下面通过实验进行说明。

（1）验证 Pr. 1 和 Pr. 18 之间的关系

1）设置 Pr. 1 = 50、Pr. 2 = 0、Pr. 18 = 120，通过 PU 操作调节频率，观察电动机能否运行到 50Hz 以上，并记录此时 Pr. 1 和 Pr. 18 的参数值。

现象：电动机能运行在 50Hz 以上，此时 Pr. 1 = 120、Pr. 18 = 120。

注：出厂设置时，并不是所有参数都可以直接显示，通过设置 Pr. 160 = 0，可以显示出所有参数。

2）在上述实验的基础上，只设置 Pr. 1 = 50，其他参数不变，观察电动机能否运行到 50Hz 以上，并记录此时 Pr. 1 和 Pr. 18 的参数值。

现象：电动机不能运行在 50Hz 以上，此时 Pr. 1 = 50、Pr. 18 = 50。

结论：Pr. 1 为上限频率，Pr. 18 为高速上限频率，两者间的关系如下：

① 运行频率 $f \leqslant 120$Hz 时，Pr. 1、Pr. 18 两者的参数值相等，其值取后面所设置的参数值，而前面设置的参数值会被覆盖。

② 运行频率 $f > 120$Hz 时，只能通过高速上限频率 Pr. 18 来设置频率值。

(2) 验证 Pr. 2 和 Pr. 13 之间的关系

1) 设置 Pr. 1 = 50、Pr. 2 = 30，通过 PU 操作调节频率，观察电动机能否运行在 30Hz 以下。

现象：调不到 30Hz 以下，电动机不能在 30Hz 以下运行，只有在 30Hz≤f≤50Hz 的条件下，电动机才能运转。

2) 设置 Pr. 1 = 50、Pr. 2 = 0、Pr. 13 = 30，观察变频器在 0 ~ 30Hz 之间时是否有频率显示，电动机是否运转，并记录下电动机在什么条件下可以转动。

现象：在 0 ~ 30Hz 之间时有频率显示，但电动机不能运转；只有当 30Hz≤f≤50Hz 时，电动机才运转。

3) 设置 Pr. 1 = 50、Pr. 2 = 35、Pr. 13 = 30，观察变频器是否有 0 ~ 30Hz 的频率显示，电动机从什么频率开始转动。

现象：M 旋钮调不到 35Hz 以下，0 ~ 35Hz 无显示，从 35Hz 开始有显示，电动机转动，当 35Hz≤f≤50Hz 时，电动机转动。

结论：电动机能够转动的下限频率由 Pr. 2 和 Pr. 13 共同决定，由两者中较大的值决定；另外，Pr. 2 的值决定了监视器上能够显示的频率最小值。

实验 3：加速时间、减速时间的设定。

1) 设置 Pr. 7 = 10、Pr. 20 = 50、Pr. 13 = 0，频率调节为 40Hz，观察并记录电动机运行频率从 0 上升到 40Hz 所需的时间；频率调节为 50Hz，观察并记录电动机运行频率从 0 上升到 50Hz 所需的时间。

现象：上升到 40Hz 所需时间为 8s，上升到 50Hz 所需时间为 10s。

2) 设置 Pr. 7 = 10、Pr. 20 = 50、Pr. 13 = 10，频率调节为 40Hz，观察并记录电动机运行频率从 0 上升到 40Hz 所需的时间；频率调节为 50Hz，观察并记录电动机运行频率从 0 上升到 50Hz 所需的时间。

现象：电动机从 10Hz 开始运转，上升到 40Hz 所需时间为 6s，上升到 50Hz 所需时间为 8s。

3) 设置 Pr. 8 = 10、Pr. 20 = 50、Pr. 13 = 0，频率调节为 40Hz，观察并记录电动机运行频率从 40Hz 下降到 0 所需的时间；频率调节为 50Hz，观察并记录电动机运行频率从 50Hz 下降到 0 所需的时间。

现象：从 40Hz 下降到 0 所需时间为 8s，从 50Hz 下降到 0 所需时间为 10s。

4) 设置 Pr. 8 = 10、Pr. 20 = 50、Pr. 13 = 10，频率调节为 40Hz，观察并记录电动机运行频率从 40Hz 下降到电动机停转所需的时间；频率调节为 50Hz，观察并记录电动机运行频率从 50Hz 下降到电动机停转所需的时间。

现象：从 40Hz 下降到电动机停转所需时间为 6s，从 50Hz 下降到电动机停转所需时间为 8s。

结论：如图 3-6 所示，Pr. 7 为加速时间（从 0 加速到 Pr. 20 所需的时间），Pr. 8 为减速时间（从 Pr. 20 减速到 0 所需的时间）。

根据 Pr. 7 和 Pr. 8 的参数含义，进行以

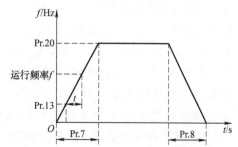

图 3-6 Pr. 7 和 Pr. 8 参数含义示意图

下计算。

① 设置 Pr. 13 = 10、Pr. 20 = 50、Pr. 7 = 10，求加速至 40Hz 的时间 t。

图 3-6 中，根据相似三角形原理，有

$$\frac{\text{Pr. 7}}{\text{Pr. 20}} = \frac{t}{f - \text{Pr. 13}} \tag{3-1}$$

经过公式变换可得到

$$t = \text{Pr. 7} \frac{f - \text{Pr. 13}}{\text{Pr. 20}} \tag{3-2}$$

将数据代入式(3-2)，计算可得 $t = 6s$。

② 设置 Pr. 20 = 50、Pr. 13 = 0，调频率 $f = 40$Hz，测得从 0 加速到 40Hz 所需时间 $t = 8s$，求 Pr. 7。

根据式(3-1) 可得

$$\text{Pr. 7} = t \frac{\text{Pr. 20}}{f - \text{Pr. 13}} \tag{3-3}$$

将数据代入式(3-3)，计算可得 Pr. 7 = 10。

练习：

① 设置 Pr. 13 = 20、Pr. 20 = 50、Pr. 8 = 10，求从 40Hz 减速至 0 的时间 t。($t = 4s$)

② 假设从 0 加速到 40Hz 需 6s，求 Pr. 7（相关参数均为出厂设置默认值）。(Pr. 7 = 7.5)

实验 4：电动机的点动运行。

1. PU 模式下让电动机以 12Hz 点动运行

操作步骤如下：

1）设置 Pr. 79 = 1，变频器工作在 PU 运行模式。

2）设置点动频率参数 Pr. 15 = 12。

3）按 PU/EXT 键切换到点动模式，此时监视器显示 JOG。

4）按 RUN 键，电动机点动运行。

2. PU 运行模式下让电动机以 12Hz 点动反转运行

我们已经完成了电动机以 12Hz 点动运行，此时认为电动机是正转运行的，有什么方法能让电动机的运行方向发生改变呢？

电动机的运动方向由参数 Pr. 40 的值决定的，其出厂设置值为 0，电动机正转；当设置 Pr. 40 = 1 时，电动机反转。操作步骤如下：

1）设置 Pr. 79 = 1，变频器工作在 PU 运行模式。

2）设置点动频率参数 Pr. 15 = 12。

3）设置 Pr. 40 = 1，电动机反转运行。

4）按 PU/EXT 键切换到点动模式，此时监视器显示 JOG。

5）按 RUN 键，电动机点动反转运行。

变频器的参数有很多，此处以 Pr. 79、Pr. 1、Pr. 2、Pr. 13、Pr. 18、Pr. 7、Pr. 8 为例介绍了变频器参数的设置步骤及参数间的关系，其他参数可以自行查阅，表 3-4 中列举了 FR - D700 变频器的常用参数，表 3-5 中根据使用目的对参数进行了分类，完整参数表可以在附录中查阅。

表 3-4　FR-D700 变频器常用参数表

参数号（Pr.）	参 数 名 称	设 定 范 围	出厂设定值
0	转矩提升	0~30%	3%或2%
1	上限频率	0~120Hz	120Hz
2	下限频率	0~120Hz	0Hz
3	基准频率	0~400Hz	50Hz
4	多段速度（高速）	0~400Hz	60Hz
5	多段速度（中速）	0~400Hz	30Hz
6	多段速度（低速）	0~400Hz	10Hz
7	加速时间	0~3600s	5s
8	减速时间	0~3600s	5s
9	电子过电流保护	0~500A	依据额定电流整定
10	直流制动动作频率	0~120Hz	3Hz
11	直流制动动作时间	0~10s	0.5s
12	直流制动电压	0~30%	4%
13	起动频率	0~60Hz	0.5Hz
14	适用负荷选择	0~5	0
15	点动频率	0~400Hz	5Hz
16	点动加、减速时间	0~360s	0.5s
17	MRS端子输入选择	0、2	0
18	高速上限频率	120~400Hz	120Hz
20	加减速参考频率	1~400Hz	50Hz
40	RUN键旋转方向	0、1	0
77	参数禁止写入选择	0、1、2	0
78	逆转防止选择	0、1、2	0
79	运行模式选择	0~8	0
160	扩展功能显示选择	0、9999	9999

表 3-5　根据使用目的分类的参数一览表

分类	使用目的	参数编号
调整电动机的输出转矩（电流）	手动转矩提升	Pr.0、Pr.46
	先进磁通矢量控制、通用磁通矢量控制	Pr.80
	转差补偿	Pr.245~Pr.247
	失速防止动作	Pr.22、Pr.23、Pr.48、Pr.66、Pr.156、Pr.157
限制输出频率	上下限频率	Pr.1、Pr.2、Pr.18
	避免机械共振点（频率跳变）	Pr.31~Pr.36
设定U/f曲线	基准频率、电压	Pr.3、Pr.19、Pr.47
	适合用途的U/f曲线	Pr.14

（续）

分类	使用目的	参数编号
通过端子（节点输入）设定频率	通过多段速设定运行	Pr. 4 ~ Pr. 6、Pr. 24 ~ Pr. 27、Pr. 232 ~ Pr. 239
	点动运行	Pr. 15、Pr. 16
	遥控设定功能	Pr. 59
加减速时间、加减速曲线调整	加减速时间设定	Pr. 7、Pr. 8、Pr. 20、Pr. 44、Pr. 45
	起动频率	Pr. 13、Pr. 571
	加减速曲线	Pr. 29
	再生回避功能	Pr. 665、Pr. 882、Pr. 883、Pr. 885、Pr. 886
电动机的选择和保护	电动机的过热保护（电子过电流保护）	Pr. 9、Pr. 51
	使用恒转矩电动机（适用电动机）	Pr. 71、Pr. 450
	离线自动调谐	Pr. 71、Pr. 82 ~ Pr. 84、Pr. 90、Pr. 96
电动机的制动和停止动作	直流制动	Pr. 10 ~ Pr. 12
	再生单元的选择	Pr. 30、Pr. 70
	电动机停止方法和起动信号的选择	Pr. 250
	停电时减速后停止	Pr. 261
外部端子的功能分配和控制	输入端子的功能分配	Pr. 178 ~ Pr. 182
	起动信号的选择	Pr. 250
	输出停止信号（MRS）的逻辑选择	Pr. 17
	输出端子的功能分配	Pr. 190、Pr. 192
	输出频率的检测（SU、FU 信号）	Pr. 41 ~ Pr. 43
	输出电流的检测（Y12 信号） 零电流的检测（Y13 信号）	Pr. 150 ~ Pr. 153、Pr. 166、Pr. 167
	远程输出功能（REM 信号）	Pr. 495、Pr. 496
监视器显示和监视器输出信号	转速显示与转数设定	Pr. 37
	DU/PU 监视内容的变更，累计监视值的清除	Pr. 52、Pr. 170、Pr. 171、Pr. 563、Pr. 564、Pr. 891
	端子 AM 输出的监视器变更	Pr. 55、Pr. 56、Pr. 158
	监视器小数位的选择	Pr. 268
	端子 AM 输出的调整（校正）	C1（Pr. 901）
停电、瞬时停电时的动作选择	瞬时停电再起动操作/非强制驱动功能（高速起步）	Pr. 57、Pr. 58、Pr. 162、Pr. 165、Pr. 298、Pr. 299、Pr. 611
	停电时减速后停止	Pr. 261
异常发生时的动作设定	报警发生时的再试功能	Pr. 65、Pr. 67 ~ Pr. 69
	输入输出缺相保护选择	Pr. 251、Pr. 872
	起动时接地检测的有无	Pr. 249
	再生回避功能	Pr. 665、Pr. 882、Pr. 883、Pr. 885、Pr. 886
节能运行	节能控制选择	Pr. 60

(续)

分类	使 用 目 的	参 数 编 号
电动机噪声的降低，噪声、漏电的对策	载波频率和 Soft-PWM 选择	Pr. 72、Pr. 240、Pr. 260
	模拟量输入时的噪声消除	Pr. 74
	缓和机械共振（速度滤波控制）	Pr. 653
利用模拟量输入的频率设定	模拟量输入选择	Pr. 73、Pr. 267
	模拟量输入时的噪声消除	Pr. 74
	模拟量输入频率的变更，电压、电流输入、频率的调整（校正）	Pr. 125、Pr. 126、Pr. 241、C2～C7（Pr. 902～Pr. 905）
防止误操作、参数设定的限制	复位选择、PU 脱离检测	Pr. 75
	防止参数值被意外改写	Pr. 77
	密码功能	Pr. 296、Pr. 297
	防止电动机反转	Pr. 78
	显示参数的变更	Pr. 160
	通过通信写入参数的控制	Pr. 342
运行模式和操作权的选择	运行模式的选择	Pr. 79
	电源设置为 ON 时的运行模式	Pr. 79、Pr. 340
	通信运行指令权与通信速率指令权	Pr. 338、Pr. 339
	PU 运行模式操作权选择	Pr. 551
通信运行和设定	RS-485 通信初始设定	Pr. 117～Pr. 124、Pr. 502
	通过通信写入参数的控制	Pr. 342
	MODBUS-RTU 通信规格	Pr. 343
	通信运行指令权与通信速率指令权	Pr. 338、Pr. 339、Pr. 551
	MODBUS-RTU 通信协议（通信协议选择）	Pr. 549
特殊的运行与频率控制	PID 控制	Pr. 127～Pr. 134、Pr. 575～Pr. 577
	浮动辊控制	Pr. 128～Pr. 134、Pr. 575～Pr. 577
	三角波功能	Pr. 592～Pr. 597
辅助功能	延长冷却风扇的寿命	Pr. 244
	显示零件的维护时期	Pr. 255～Pr. 259、Pr. 503、Pr. 504、Pr. 555～Pr. 557、Pr. 563、Pr. 564
参数单元、操作面板的设定	RUN 键旋转方向的选择	Pr. 40
	参数单元显示语言的选择	Pr. 145
	操作面板的动作选择	Pr. 161
	参数单元的蜂鸣器音控制	Pr. 990
	参数单元的对比度调整	Pr. 991

3.3 变频器外部运行的操作

3.3.1 变频器控制电动机的正反转运行

1. 电动机的正转控制

问题提出：通过开关设定频率，合上开关 S_1、S_2，电动机以 35Hz 频率正转，断开开关 S_1、S_2，电动机停转，控制运行图如图 3-7 所示。请绘制接线图，写出操作步骤。

FR-D700 变频器对电动机的控制必须有两类信号：一类是起动信号；一类是频率信号。一般情况下，FR-D700 变频器外部控制端子中，STF、STR 两个端子提供起动信号，其中 STF 为正转端子，STR 为反转端子；而频率信号由 RH、RM、RL 三个速度端子提供，分别为高速、中速、低速，需要注意的是，三个速度端子是平等关系，比如要输出三个速度，20Hz、30Hz、40Hz，我们可以让 RH 端子输出 20Hz、RM 端子输出 30Hz、RL 端子输出 40Hz，即在分配参数值的时候，不必做到速度从高到低。如何让速度端子接通时运行某一特定频率呢？这是通过对参数的设置来实现的。对于 FR-D700 变频器，速度端子与运行参数及运行频率对应表见表 3-6，通过三个速度端子的组合，最多可以实现七段速，这将在后面进行详细介绍。表 3-6 中数字 1 表示速度端子接通（即相应外接开关闭合），数字 0 表示速度端子断开（即相应外接开关断开）。

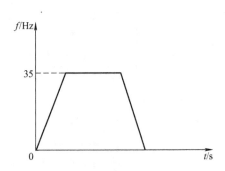

图 3-7 电动机正转控制运行图

表 3-6 速度端子与运行参数及频率对应表

速度端子 RH	速度端子 RM	速度端子 RL	运行参数	设定频率/Hz
1	0	0	Pr. 4	f_1
0	1	0	Pr. 5	f_2
0	0	1	Pr. 6	f_3
0	1	1	Pr. 24	f_4
1	0	1	Pr. 25	f_5
1	1	0	Pr. 26	f_6
1	1	1	Pr. 27	f_7

对于正转控制，我们只需要用到正转端子 STF 和一个速度端子 RH（RM、RL 也可以），以对应两个开关 S_1、S_2，接线图如图 3-8 所示。

操作步骤如下：

1) 恢复出厂设置，Pr. 79 = 1，ALLC = 1。
2) Pr. 4 = 35。

3）Pr. 79 = 2。

4）闭合开关 S_1，RUN 指示灯闪烁，再闭合 S_2，电动机以 35Hz 转动。

5）断开 S_1、S_2，电动机停转。

提问：如果外接开关 S_2 的是 RM 端子，操作步骤应如何改动？

提示：设置 Pr. 5 = 35。

2. 电动机的反转控制

问题提出：通过开关设定频率，合上开关 S_1、S_2，电动机以 35Hz 运转，断开开关 S_1、S_2，电动机停转。控制运行图如图 3-9 所示。请绘制接线图，写出操作步骤。

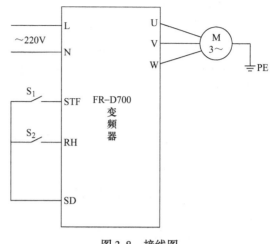

图 3-8 接线图

要求控制电动机进行反转，使用反转端子 STR，频率使用速度端子 RH 进行控制（也可以使用 RM 或 RL），接线图如图 3-10 所示。

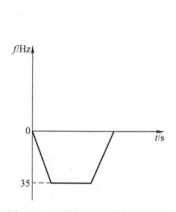

图 3-9 电动机反转控制运行图

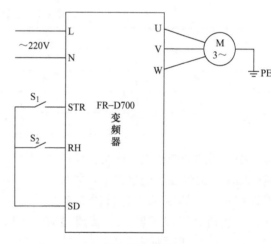

图 3-10 接线图

操作步骤如下：

1）恢复出厂设置，Pr. 79 = 1，ALLC = 1。

2）Pr. 4 = 35。

3）Pr. 79 = 2。

4）闭合开关 S_1，RUN 指示灯闪烁，再闭合 S_2，电动机以 35Hz 转动。

5）断开 S_1、S_2，电动机停转。

3. 电动机的正反转控制

问题提出：闭合开关 S_1、S_3，电动机以 30Hz 正转运行，闭合开关 S_2、S_3，电动机以 30Hz 反转运行，注意开关 S_1、S_2 不能同时闭合，请绘制接线图，写出操作步骤。

要求控制电动机进行正转和反转，需要使用正转端子 STF 和反转端子 STR，频率使用速度端子 RH 进行控制，接线图如图 3-11 所示。

操作步骤如下：

1）恢复出厂设置，Pr. 79 = 1，ALLC = 1。

2）Pr. 4 = 30。

3）Pr. 79 = 2。

4）闭合开关 S_1、S_3，电动机以 30Hz 正转。

5）断开 S_1、S_3，闭合 S_2、S_3，电动机以 30Hz 反转。

6）断开 S_2、S_3，电动机停转。

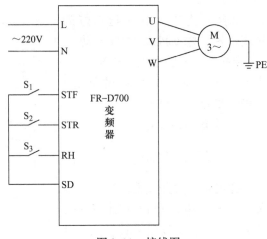

图 3-11　接线图

拓展训练

有四个开关 $S_1 \sim S_4$，请实现表 3-7 要求的控制。

表 3-7　控制要求对应表

S_1	S_2	S_3	S_4	f/Hz	转动方向
1	0	1	0	25	正转
1	0	0	1	35	正转
0	1	1	0	25	反转
0	1	0	1	35	反转

要求用到四个开关，涉及正反转及两个频率，关键在于确定四个开关与变频器端子的对应关系，分析表 3-7 可知，S_1 接通时对应正转，S_2 接通时对应反转，S_3 接通时对应 25Hz，S_4 接通时对应 35Hz，由此可得接线图如图 3-12 所示。

操作步骤如下：

1）恢复出厂设置，Pr. 79 = 1，ALLC = 1。

2）Pr. 4 = 25，Pr. 5 = 35。

3）Pr. 79 = 2。

4）闭合开关 S_1、S_3，电动机以 25Hz 正转；闭合 S_1、S_4，电动机以 35Hz 正转；闭合 S_2、S_3，电动机以 25Hz 反转；闭合 S_2、S_4，电动机以 35Hz 反转。

注意：在操作过程中，S_1、S_2 不能同时闭合。

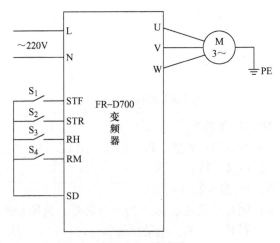

图 3-12　接线图

4. 模拟电压法控制电动机的正反转运行

问题提出：通过模拟电压设定频率。闭合开关 S_1，调节电位器，电动机以 35Hz 正转，闭合开关 S_2，调节电位器，电动机以 30Hz 反转。

根据问题要求，频率信号由模拟电压来设定，FR－D700 变频器提供了 10、2、5 三个端子进行模拟电压的设定，而正反转仍需要使用 STF、STR 端子，接线图如图 3-13 所示。

操作步骤如下：

1）按图 3-13 连接好外部接线。

2）将 Pr79 变更为"2"，EXT 指示灯亮。

3）闭合开关 S_1/S_2，STF/STR 设置为 ON，无频率指令时，RUN 指示灯会快速闪烁。

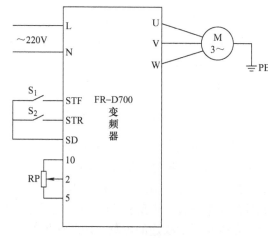

图 3-13 接线图

4）加速：将电位器（频率设定器）缓慢向右拧（增大接入电阻，相当于图 3-13 中 RP 触头上移），直至显示屏上的频率数值增大到 35Hz/30Hz。RUN 指示灯在正转时亮。

5）减速：将电位器（频率设定器）缓慢向左拧（减小接入电阻，相当于图 3-13 中 RP 触头下移），直至显示屏上的频率数值减小到 30Hz。RUN 指示灯快速闪烁。

6）停止：将起动开关（STF/STR）设置为 OFF，RUN 指示灯熄灭。

练习：给定不同的电压输入信号，让变频器驱动电动机运转，完成表 3-8。

表 3-8 电压频率对应关系表

U_i/V	1	1.5	2	3	3.5
f/Hz					
U_o/V					

3.3.2 变频器控制电动机的多段速运行

1. 变频器实现电动机的三段速控制

问题提出：闭合开关 S_1、S_2，电动机以 30Hz 正转运行；闭合开关 S_1、S_3，电动机以 25Hz 正转运行；闭合开关 S_1、S_4，电动机以 35Hz 正转运行。请绘制接线图，并写出操作步骤。

根据问题要求，要实现外部操作模式下变频器控制电动机的正转，需要控制 STF 端子，外部接入 S_1 开关；频率信号的实现需要通过控制频率端子，由于正转运行频率不同，故需采用三个频率端子来实现，外部接入开关 $S_2 \sim S_4$，采用 RH、RM、RL 端子。接线图如图 3-14 所示。

操作步骤如下：

1）恢复出厂设置，Pr.79=1，ALLC=1。

2）Pr.4=30，Pr.5=25，Pr.6=35。

3）Pr.79=2。

4）闭合开关 S_1、S_2，电动机以30Hz正转；闭合开关 S_1、S_3，电动机以25Hz正转；闭合开关 S_1、S_4，电动机以35Hz正转。

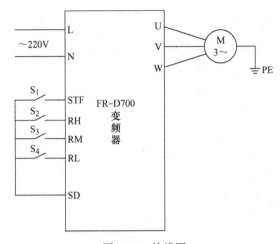

图 3-14　接线图

2. 变频器实现电动机的七段速控制

问题提出：变频器控制电动机的七段速运行，这七段速度分别是50Hz、40Hz、20Hz、30Hz、35Hz、10Hz、5Hz。

此处只要求正转，需要将STF端子外接开关 S_1，另外由表3-6可知，通过三个速度端子的组合，可以实现七段速的控制，因此速度端子RH、RM、RL外接开关 S_2、S_3、S_4，接线图如图3-14所示。

根据表3-6的对应关系可知，七段速的速度端子与运行参数及频率对应表见表3-9。

表 3-9　七段速的速度端子与运行参数及频率对应表

速度端子 RH	速度端子 RM	速度端子 RL	运行参数	设定频率/Hz
1	0	0	Pr.4	50
0	1	0	Pr.5	40
0	0	1	Pr.6	20
0	1	1	Pr.24	30
1	0	1	Pr.25	35
1	1	0	Pr.26	10
1	1	1	Pr.27	5

操作步骤如下：

1）恢复出厂设置，Pr.79=1，ALLC=1。

2）Pr.4=50，Pr.5=40，Pr.6=20，Pr.24=30，Pr.25=35，Pr.26=10，Pr.27=5。

3）Pr.79=2。

4）根据表3-9的对应关系可知，闭合开关 S_1、S_2，电动机以50Hz正转；闭合开关 S_1、S_3，电动机以40Hz正转；闭合开关 S_1、S_4，电动机以20Hz正转；闭合开关 S_1、S_3、S_4，电动机以30Hz正转；闭合开关 S_1、S_2、S_4，电动机以35Hz正转；闭合开关 S_1、S_2、S_3，电动机以10Hz正转；闭合开关 S_1、S_2、S_3、S_4，电动机以5Hz正转。

3. 变频器实现电动机的十五段速控制

问题提出：变频器实现电动机的十五段速控制，这十五段速分别是50Hz、40Hz、20Hz、

30Hz、35Hz、10Hz、5Hz、46Hz、26Hz、48Hz、28Hz、36Hz、12Hz、8Hz、42Hz。

FR-D700 变频器的某些功能端子在一定情况下是可以通过设置参数来改变其功能的，如正转端子 STF，其功能是由 Pr.178 来决定的，当 Pr.178 = 60 时，STF 实现正转功能；而 STR 是由 Pr.179 = 61 来决定其实现反转功能的，当其控制参数的值为 8 时，对应的端子可以实现"15 速选择"，即如果设置 Pr.178 = 8，STF 端子将不再作为正转端子，成为第四个速度端子 REX，此时如保留了反转端子的功能，则电动机只能实现反转十五段速；同时，如设置 Pr.179 = 8，STR 作为速度端子，则电动机只能实现正转十五段速。要求实现正转十五段速，因此正转端子功能保留，反转端子功能变为第四个速度端子 REX，接线图如图3-15所示。

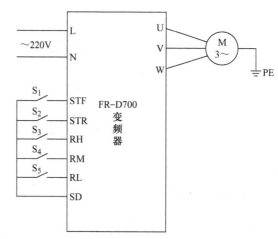

图 3-15　接线图

十五段速的速度端子与运行参数及频率对应表见表3-10，表中 STR 作为第四个速度端子 REX。

表 3-10　十五段速的速度端子与运行参数及频率对应表

REX(STR)	速度端子 RH	速度端子 RM	速度端子 RL	运行参数	设定频率/Hz
0	1	0	0	Pr.4	50
0	0	1	0	Pr.5	40
0	0	0	1	Pr.6	20
0	0	1	1	Pr.24	30
0	1	0	1	Pr.25	35
0	1	1	0	Pr.26	10
0	1	1	1	Pr.27	5
1	0	0	0	Pr.232	46
1	0	0	1	Pr.233	26
1	0	1	0	Pr.234	48
1	0	1	1	Pr.235	28
1	1	0	0	Pr.236	36
1	1	0	1	Pr.237	12
1	1	1	0	Pr.238	8
1	1	1	1	Pr.239	42

操作步骤如下：

1) 恢复出厂设置，Pr.79 = 1、ALLC = 1。

2) Pr.179 = 8，Pr.4 = 50，Pr.5 = 40，Pr.6 = 20，Pr.24 = 30，Pr.25 = 35，Pr.26 = 10，

Pr. 27 = 5，Pr. 232 = 46，Pr. 233 = 26，Pr. 234 = 48，Pr. 235 = 28，Pr. 236 = 36，Pr. 237 = 12，Pr. 238 = 8，Pr. 239 = 42。

3）Pr. 79 = 2。

4）根据接线图及表 3-10 的对应关系，电动机的运行速度很容易得知，如若运行 50Hz，则需闭合开关 S_1、S_3；运行 8Hz，则需闭合开关 $S_1 \sim S_4$。此处不再一一列举，读者可自行多多练习，建立起开关、端子、运行参数、设定频率之间的对应关系。

3.4 变频器的组合运行模式

3.4.1 变频器的组合运行模式 1

问题提出：某企业承接了一项工厂生产线的控制系统设计任务，其中一个环节要求用变频器控制三相异步电动机进行正反转调速控制，实现正转 35Hz，反转 30Hz，具体控制要求如下：① 通过外部端子控制电动机起动/停止，正转/反转；② 通过操作面板改变电动机的运行频率。请绘制接线图，写出操作步骤。

由题目要求可知，该控制系统的起动信号由外部端子控制，频率信号由操作面板控制，变频器工作在组合运行模式 1，此时应设置 Pr. 79 = 3。由于外部端子控制电动机的正转、反转，所以只需用到 STF、STR 两个端子即可，接线图如图 3-16 所示。

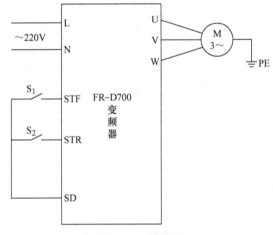

图 3-16 接线图

操作步骤如下：

1）恢复出厂设置，Pr. 79 = 1，ALLC = 1。

2）M 旋钮调至 35。

3）Pr. 79 = 3。

4）闭合开关 S_1，电动机以 35Hz 正转。

5）断开 S_1，M 旋钮调至 30。

6）闭合 S_2，电动机以 30Hz 反转。

3.4.2 变频器的组合运行模式 2

问题提出：某企业承接了一项工厂生产线的控制系统设计任务，其中一个环节要求用变频器控制三相异步电动机进行正反转调速控制，实现正转 35Hz，反转 30Hz，具体控制要求如下：① 通过操作面板控制电机起动/停止，正转/反转；② 通过电位器改变电动机的运行频率。请绘制接线图，写出操作步骤。

由题目要求可知，该控制系统的起动信号由操作面板控制，频率信号由外部电位器调节，变频器工作在组合运行模式 2，此时应设置 Pr. 79 = 4。由于电位器控制电动机的运行频率，所以只需用 10、2、5 三个端子即可，接线图如图 3-17 所示。

操作步骤如下：

1) 恢复出厂设置，Pr. 79 = 1，ALLC = 1。

2) Pr. 79 = 4。

3) 按 RUN 键，调节电位器使电动机以 35Hz 正转。

4) 按 STOP 键停止。

5) Pr. 40 = 1，按 RUN 键，调节电位器使电动机以 30Hz 反转。

6) 按 STOP 键停止。

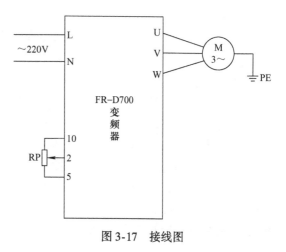

图 3-17　接线图

本章小结

本章介绍了变频器的面板（PU）运行模式、外部（EXT）运行模式以及两种组合运行模式。运行模式的不同决定了起停信号和频率信号的给定方式不同，下面通过表 3-11 对变频器的各种运行模式进行总结。

表 3-11　变频器运行模式一览表

Pr. 79	运行模式	起停信号	频率信号
0	面板运行模式或者外部运行模式，由 PU/EXT 键进行切换，JOG 为点动模式		
1	面板运行模式	RUN/STOP 键，正反转由 Pr. 40 参数值决定	M 旋钮，Pr. 15 设置点动频率
2	外部运行模式	STF 正转、STR 反转	RH、RM、RL 三个频率端子；10、2、5 模拟电压
3	组合运行模式 1	STF 正转、STR 反转	M 旋钮
4	组合运行模式 2	RUN/STOP 键	RH、RM、RL 三个频率端子；10、2、5 模拟电压

使用变频器时，需要先将所有参数值恢复出厂设置，此操作通过设置参数 ALLC = 1 便可以实现，另外，如果发现有些参数没有显示，无法调整参数，就需要设置 Pr. 160 = 0。

在调试过程中，要注意观察指示灯的状态，比如 RUN 指示灯的不同情况可以给出不同提示信息：RUN 指示灯常亮，电动机正转；RUN 指示灯慢速闪烁（1.4s 的周期），电动机反转；RUN 指示灯快速闪烁（0.2s 的周期），电动机缺少频率信号，即速度端子外接开关没有闭合。

思考与练习

一、填空

1. 三菱系列变频器设置加速时间的参数号是_____。
2. 变频器的加速时间是指_____的时间,减速时间是指_____的时间。
3. PU 运行模式下变频器控制电动机运行时,_____显示灯亮,频率调节是_____。
4. 按_____键起动电动机运行,按_____键停止电动机运行。
5. 当 Pr. 79 = 0 时,可通过_____键实现 PU 运行模式与 EXT 运行模式的切换,当 Pr. 79 = 1 时,运行模式是_____模式,_____指示灯亮。
6. 进入参数的设定时,运行模式首先需要切换到_____模式下,恢复参数的出厂值是设置_____。
7. 变频器运行控制端子中,STF 表示_____,STR 表示_____,JOG 表示_____,STOP 表示_____。
8. 变频器都有多段速控制功能,三菱 FR-D700 变频器最多可以实现_____段不同运行频率。
9. 外部运行模式需设置运行模式的选择参数 Pr. 79 = _____。
10. 外部运行模式下变频器控制电动机运行,_____指示灯亮。
11. 设置运行频率时,RH 数字量端子需设置的参数号是_____,RM 数字量端子需设置的参数号是_____。
12. 模拟量电压输入运行频率对应的模拟量端子号是_____,恢复出厂设置后,其模拟量输入电压的范围是_____。

二、简答

1. 简述上、下限频率的设置方法。
2. 写出参数全部清除的操作步骤。
3. 如何实现点动运行?提示:Pr. 15、Pr. 160。
4. 如何实现反转运行?提示:Pr. 40。
5. 简述参数 Pr. 1、Pr. 2、Pr. 13、Pr. 18、Pr. 7、Pr. 8、Pr. 20 的含义及其之间的关系。
6. 变频器工作在 PU 运行模式,变频器控制异步电动机以 25Hz 点动正转,其中加减速时间为 5s。需设置哪些参数?简述其操作步骤。
7. 变频器七段速正反转运行,其中 $f_1 = 40\text{Hz}$, $f_2 = 25\text{Hz}$, $f_3 = 38\text{Hz}$, $f_4 = 10\text{Hz}$, $f_5 = 45\text{Hz}$, $f_6 = 8\text{Hz}$, $f_7 = 50\text{Hz}$。请设计出变频器控制电路接线图,设置相关参数并简述其操作步骤。
8. RUN 指示灯常亮、快速闪烁、慢速闪烁三种状态分别对应电动机的哪三种运行状态?
9. 画出变频器组合运行模式 1 控制电路接线图,并简述操作步骤。
10. 请用组合运行模式 2 实现电动机反转起停控制。
11. 列出 Pr. 79 的值为 0、1、2、3、4 时变频器的运行模式,以及起动信号、频率信号的给定方式。

第4章 变频器常用控制电路的设计

本章首先介绍继电器与变频器组合控制实现电动机的正反转及变频工频的切换。前文在变频器外部运行模式下多段速调速的案例中,介绍了手动选择变频器控制端子 STF、STR、RH、RM、RL 的接通和关断,来实现多档转速正反转运行。本章将通过 PLC 的输出来控制上述端子,实现多档转速正反转的自动切换运行。本章还会介绍 PLC 模拟量与变频器的组合控制、变频器的遥控功能及 PLC 与变频器的通信等,学习目标见表 4-1。

表 4-1 本章学习目标

序号	名　称	学习目标
4.1	继电器与变频器组合的电动机正反转控制	理解并掌握继电器与变频器组合的电动机正反转控制方式
4.2	继电器与变频器组合的变频工频切换控制	理解并掌握继电器与变频器组合的变频工频切换控制方式
4.3	PLC 与变频器组合的多段速控制	熟悉变频器常用参数含义及操作模式;掌握变频器外部主电路、控制电路的接线图;掌握 PLC 与变频器组合的多段速控制原理并能进行设计调试
4.4	PLC 与变频器组合的自动送料系统控制	掌握变频器外部主电路、控制电路的接线图;掌握 PLC 与变频器组合的自动送料系统控制
4.5	PLC 模拟量与变频器的组合控制	掌握模拟量输入模块 $FX_{2N}-4AD$ 及模拟量输出模块 $FX_{2N}-4DA$ 的使用方法;掌握 PLC 模拟量与变频器的组合控制
4.6	PLC 与变频器遥控功能的组合控制	掌握遥控设定功能选择参数 Pr.59 的意义及设定方法;掌握使用 RH、RM、RL 端子实现加速、减速及归零功能的方法;了解遥控设定功能的优点
4.7	PLC 与变频器的通信	掌握变频器和 PLC 的 RS-485 通信连接及通信基础知识;掌握 PLC 以 RS-485 通信方式控制变频器的正反转、加减速及停止方法

4.1 继电器与变频器组合的电动机正反转控制

问题提出:由前面所学知识可知,利用开关接通与关断 STF、STR 两个端子的缺点是反转前必须先断开正转控制,正转与反转之间没有互锁环节,容易产生误动作。那么如何解决这个问题呢?

为了解决正反转没有互锁而容易产生误动作的问题,通常将开关改为继电器与接触器来控制变频器 STF 和 STR 两个端子的接通与关断,电路如图 4-1 所示。

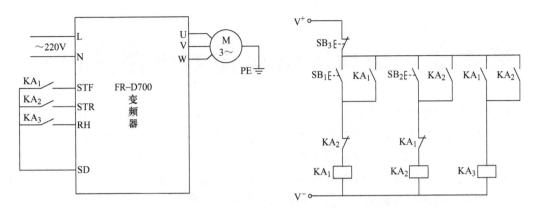

图 4-1　继电器与变频器组合的电动机正反转控制电路

其工作过程如下：按钮 SB_1 用于控制正转继电器 KA_1，从而控制电动机的正转运行；按钮 SB_2 用于控制反转继电器 KA_2，从而控制电动机的反转运行；按钮 SB_3 用于切断整个控制电路的电源，从而使电动机无论是在正转状态下还是在反转状态下，均可停止。在该控制电路中使用了 KA_1、KA_2 两个继电器的常闭触点进行互锁，可避免误操作引起的正反转同时接通。KA_3 为控制速度的继电器，无论是电动机正转还是反转，均需要接通 KA_3，也可以不用 KA_3，速度用电位器采用模拟电压进行输入，如图 4-2 所示。

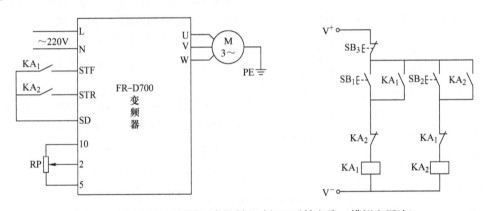

图 4-2　继电器与变频器组合控制电动机正反转电路（模拟电压法）

4.2　继电器与变频器组合的变频工频切换控制

问题提出：一台电动机变频运行，当频率上升到 50Hz（工频）并保持长时间运行时，应将电动机切换到工频电网供电，让变频器休息或另作他用；一台电动机运行在工频电网，现工作环境要求它进行无级变速，此时必须将该电动机由工频切换到变频状态运行。那么如何来实现变频与工频之间的切换呢？

由继电器与变频器组合的变频工频切换控制电路如图 4-3 所示，运行方式由开关 SA 进行选择。

其工作过程如下：

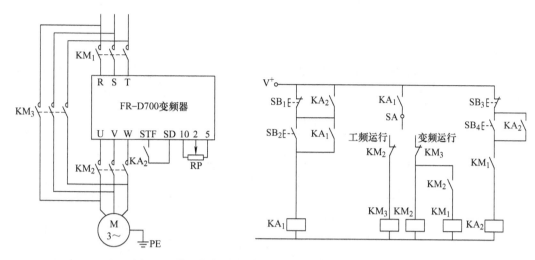

图 4-3 继电器与变频器组合的变频工频切换控制电路

当 SA 扳至"工频运行"位置时,按下起动按钮 SB_2,中间继电器 KA_1 动作并自锁,进而使接触器 KM_3 动作,电动机进入"工频运行"状态。按下停止按钮 SB_1,中间继电器 KA_1 和接触器 KM_3 均断电,电动机停止运行。

当 SA 扳至"变频运行"位置时,按下起动按钮 SB_2,中间继电器 KA_1 动作并自锁,进而使接触器 KM_2 动作,将电动机接至变频器的输出端。KM_2 动作后,KM_1 也动作,将工频电源接到变频器的输入端,并允许电动机起动。

按下 SB_4 按钮,中间继电器 KA_2 动作,电动机进入"变频运行状态"开始加速,KA_2 动作后,停止按钮 SB_1 将失去作用,以防止直接通过切断变频器电源使电动机停转。

4.3 PLC 与变频器组合的多段速控制

4.3.1 PLC 与变频器组合的三段速控制

问题提出:某企业承接了一项工厂生产线 PLC 控制系统设计任务,其中一个环节要求用 PLC 配合变频器控制三相异步电动机进行调速控制,具体控制功能如下:按下起动按钮,变频器按图 4-4 所示的时序图运行,变频器首先控制电动机正转按 1 速(20Hz)运行 6s,然后控制电动机按 2 速(40Hz)运行 10s,接着控制电动机按 3 速(50Hz)运行 12s,然后控制电动机用 2s 减速停止。试用 PLC 配合变频器设计其控制系统并调试。

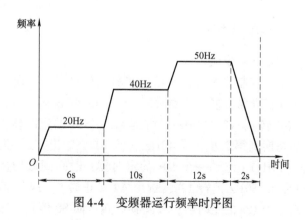

图 4-4 变频器运行频率时序图

1. 输入输出分配

分析控制要求，输入只需一个起动按钮，输出很明显有三段速度，即变频器要用到 RH、RM、RL 三个速度端子，另外还需要一个正转信号（由 STF 端子提供），而变频器的四个端子要由 PLC 的输出控制其通断，因此 PLC 的输出有四个，输入输出分配见表 4-2。

表 4-2 输入输出分配表

输入			输出		
输入继电器	输入元件	作用	输出继电器	输出元件	作用
X1	SB$_1$	起动按钮	Y1	STF	正转端子
			Y2	RH	高速端子
			Y3	RM	中速端子
			Y4	RL	低速端子

2. 接线图

按照输入输出分配，接线图如图 4-5 所示。

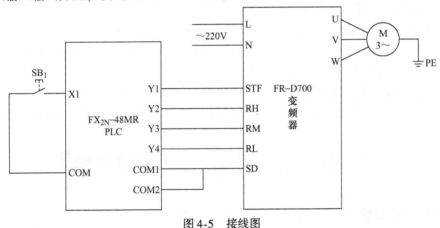

图 4-5 接线图

3. 程序设计

方法一：步进顺控

由于控制要求有很明显的步骤及转换条件，所以使用步进顺控非常方便，起动后第一步，以 20Hz 正转 6s，输出 Y1（正转）、Y2（20Hz），并起动一个 6s 的定时器；时间到后切换到第二步，以 40Hz 正转 10s，输出 Y1（正转）、Y3（40Hz），起动一个 10s 的定时器；时间到后切换到第三步，以 50Hz 正转 12s，输出 Y1（正转）、Y4（50Hz），起动一个 12s 的定时器；时间到后直接回 S0 停止。需要注意的是，时序图中的最后 2s 停止时间是由变频器参数 Pr.8 来控制的，不在程序中体现。顺序功能图如图 4-6 所示，

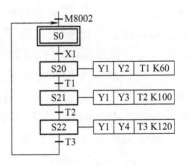

图 4-6 顺序功能图

对应的梯形图如图4-7所示。

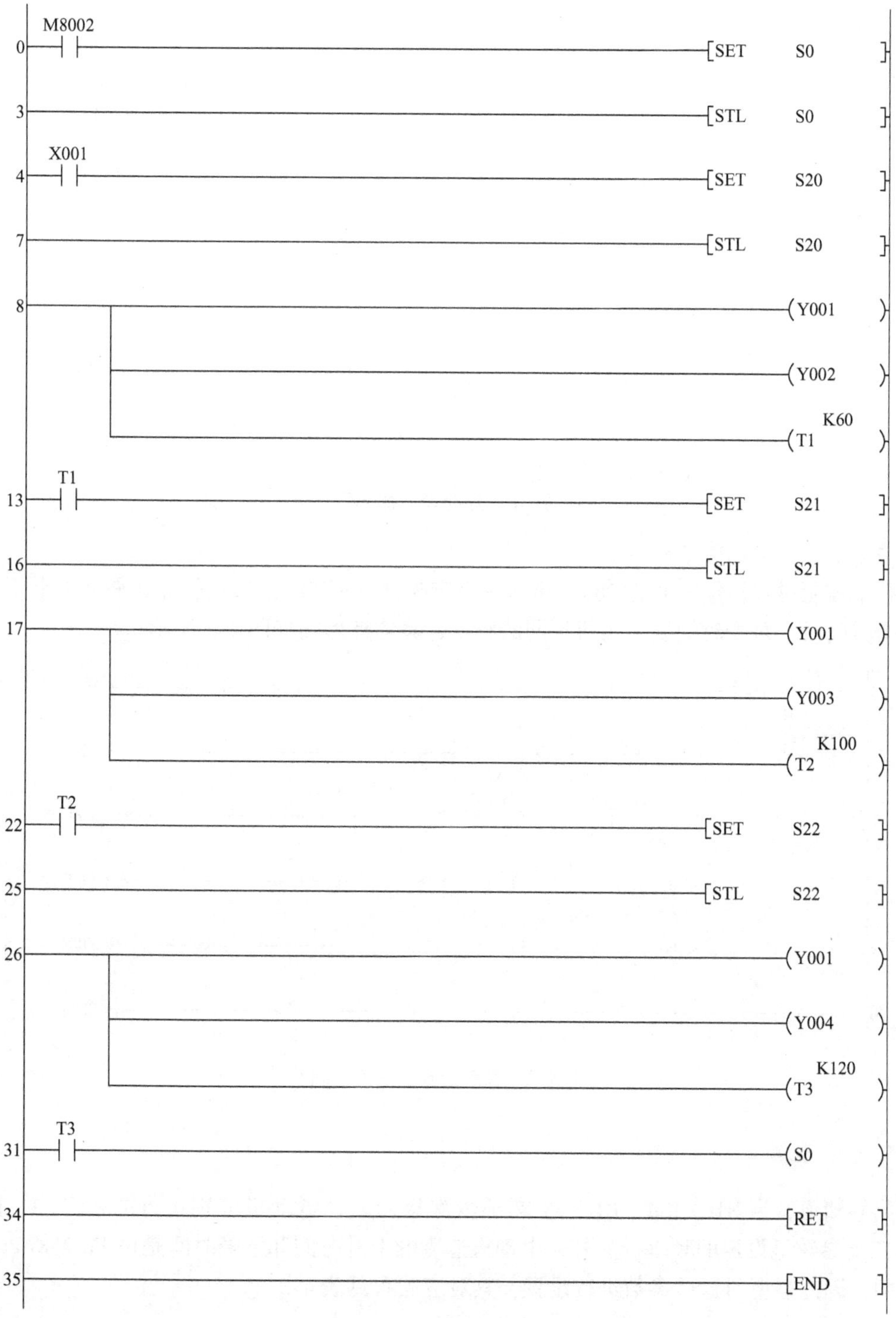

```
 0 ──┤M8002├──────────────────────────[SET  S0 ]
 3 ─────────────────────────────────────[STL  S0 ]
 4 ──┤X001├──────────────────────────[SET  S20]
 7 ─────────────────────────────────────[STL  S20]
 8 ─────────────────────────────────────(Y001)
                                        (Y002)
                                    K60
                                        (T1)
13 ──┤T1├───────────────────────────[SET  S21]
16 ─────────────────────────────────────[STL  S21]
17 ─────────────────────────────────────(Y001)
                                        (Y003)
                                    K100
                                        (T2)
22 ──┤T2├───────────────────────────[SET  S22]
25 ─────────────────────────────────────[STL  S22]
26 ─────────────────────────────────────(Y001)
                                        (Y004)
                                    K120
                                        (T3)
31 ──┤T3├───────────────────────────────(S0)
34 ─────────────────────────────────────[RET]
35 ─────────────────────────────────────[END]
```

图 4-7　步进顺控梯形图

方法二：经验设计

由于程序比较简单，经验设计也容易实现，梯形图如图4-8所示。

```
         X001    T3                                              ┌─( Y001 )─┐
    0 ───┤ ├────┤/├──┬──────────────────────────────────────────┤          │
         Y001        │                                           │     K60  │
        ─┤ ├─        │                                          ─( T1      )
                     │                                           │     K160 │
                     ├──────────────────────────────────────────( T2       )
                     │                                           │     K280 │
                     └──────────────────────────────────────────( T3       )

         Y001    T1
   13 ───┤ ├────┤/├──────────────────────────────────────────────( Y002 )

         T1     T2
   16 ───┤ ├────┤/├──────────────────────────────────────────────( Y003 )

         T2     T3
   19 ───┤ ├────┤/├──────────────────────────────────────────────( Y004 )

   22 ────────────────────────────────────────────────────────────[ END ]
```

图 4-8　经验设计梯形图

方法三：触点比较指令

整个控制过程持续时间为 28s，起动一个定时器计时 28s，通过触点比较指令将其拆分为三个时间段，每个时间段内运行不同的频率，具体梯形图如图 4-9 所示。

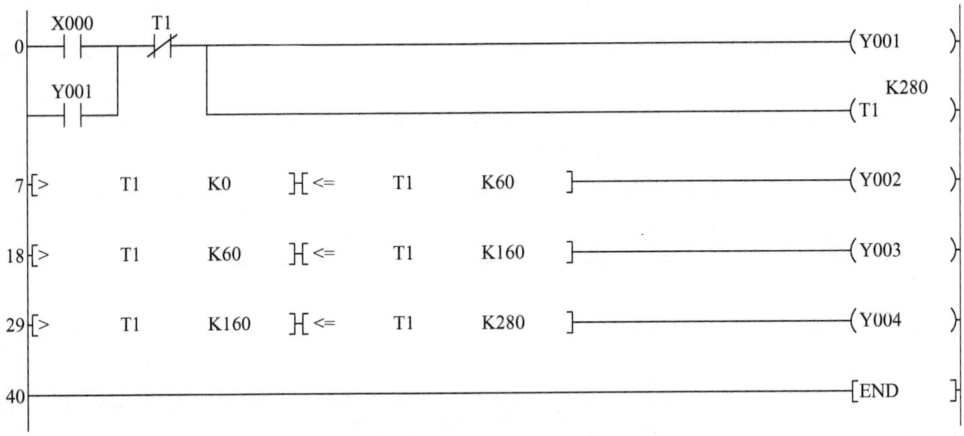

```
         X000    T1                                              ┌─( Y001 )─┐
    0 ───┤ ├────┤/├──┬──────────────────────────────────────────┤          │
         Y001        │                                           │     K280 │
        ─┤ ├─        └──────────────────────────────────────────( T1       )

    7 ──[ >   T1   K0  ]──[ <=   T1   K60  ]──────────────────────( Y002 )

   18 ──[ >   T1   K60 ]──[ <=   T1   K160 ]──────────────────────( Y003 )

   29 ──[ >   T1   K160]──[ <=   T1   K280 ]──────────────────────( Y004 )

   40 ────────────────────────────────────────────────────────────[ END ]
```

图 4-9　触点比较指令梯形图

4. 参数设置

我们知道，当 RH、RM、RL 三个端子依次接通时，电动机分别运行的是 Pr.4、Pr.5、Pr.6 三个参数里设定的频率，另外，电动机速度的上升时间和下降时间是由 Pr.7 和 Pr.8 来决定的，因此需要对这些参数进行设置，其对应关系见表 4-3。

表 4-3　运行参数对应表

运行参数	Pr.4	Pr.5	Pr.6	Pr.7	Pr.8
设定值	20	40	50	2	2

5. 调试步骤

1) 恢复变频器出厂设置: ALLC = 1。
2) 保持 PU 指示灯亮 (Pr. 79 = 0 或 1), 设置变频器参数: Pr. 4 = 20, Pr. 5 = 40, Pr. 6 = 50, Pr. 7 = 2, Pr. 8 = 2。
3) 设置 Pr. 79 = 2, 使变频器处于外部运行模式, 此时 EXT 指示灯亮。
4) 按下 SB_1, 变频器按照时序图运行。

拓展训练

思考1: 如果变频器的运行时序图如图4-10所示, 与前文有何区别?

提示: 容易发现的区别在于运行频率不同, 参数值的设置会有所变化。更重要的区别在于, 最后的运行频率为40Hz, 而加速和减速时间还是为2s, 此时有两种处理方法: 一是将加、减速参考 Pr. 20 设为 40Hz, Pr. 7 和 Pr. 8 还是等于2; 二是 Pr. 20 值不变, 为出厂设定值 50Hz, 将 Pr. 7 和 Pr. 8 的值设为 2.5 (原理请见第3章中对 Pr. 7 和 Pr. 8 的详细介绍)。

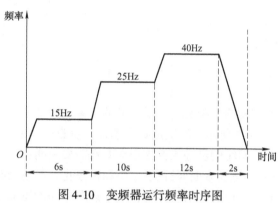

图 4-10 变频器运行频率时序图

思考2: 本问题可否只使用两个频率端子来实现?

提示: 可以, 假如使用 RH 和 RM 两个端子, 运行20Hz 时 RH 接通, 运行40Hz 时 RM 接通, 运行50Hz 时 RH、RM 同时接通, 但要注意的是参数的设置: Pr. 4 = 20, Pr. 5 = 40, Pr. 26 = 50 (RH、RM 同时接通运行的是 Pr. 26 的值)。

4.3.2 PLC与变频器组合的七段速控制

问题提出: 通过 PLC 控制变频器外部端子, 实现电动机七段速控制。闭合开关 S_1, 变频器控制电动机从速度5Hz开始运行10s, 10s后自动增加5Hz, 再运行10s, 依此增加频率运行。变频器控制电动机以35Hz运行10s后重新回到5Hz, 以后循环(共7种不同的输出频率)。断开开关 S_1, 电动机停转。

输入输出分配及接线图均可参照 4.1 节内容, 不同之处是本节用开关代替 4.1 节的按钮, 下面着重对程序设计进行讲解。

1. 程序设计

本题中涉及七段速, 要进行程序设计, 首先要清楚每个速度端子接通时运行的参数号, 并对应到 PLC 的输出中, 表4-4 清楚地表示出了对应关系。其中, "1" 表示端子接通, PLC 对应的输出线圈得电; "0" 表示端子断开, PLC 对应的输出线圈失电。具体参数设置见表4-5。

表 4-4 运行参数对应表

Y2	Y3	Y4	运行参数
RH	RM	RL	
1	0	0	Pr. 4
0	1	0	Pr. 5
0	0	1	Pr. 6
0	1	1	Pr. 24
1	0	1	Pr. 25
1	1	0	Pr. 26
1	1	1	Pr. 27

表 4-5 参数设置

参数号	Pr. 4	Pr. 5	Pr. 6	Pr. 24	Pr. 25	Pr. 26	Pr. 27
设定值	5	10	15	20	25	30	35

根据以上分析，程序设计如下。

方法一：步进顺控

本问题的控制要求有很明显的步骤及转换条件，因此使用步进顺控非常方便，顺序功能图如图 4-11 所示，对应的梯形图请读者自行完成。

对本问题的步进顺控指令有两点需要说明：

1）问题要求断开开关 S_1 电动机停止，对电动机的停止方式有两种理解：第一种，完成当前周期动作后电动机停转，则上述顺序功能图完全可以实现；第二种是电动机立即停转，则在上述顺序功能图的基础上还需要添加如下所示的独立程序：

2）该独立程序写在步进指令外面（即 M8002 的前面），或者 RET 的后面，无论程序执行到哪一步，开关断开后，马上跳到区间复位指令，切断当前活动步，使电动机立即停止。另外，还需要对初始状态继电器 S0 进行置位，为下一次起动做准备。

由图 4-11 可以看出，S20~S26 七步中都有 Y1 输出，可采用置位和复位指令使程序变得更加简单，改造后的顺序功能图如图 4-12 所示。

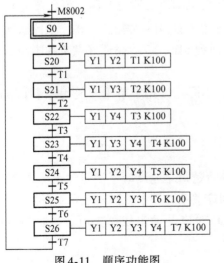

图 4-11 顺序功能图

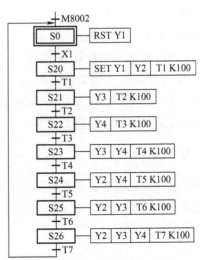

图 4-12 改造后的顺序功能图

方法二：经验设计

本问题中，由于三个速度端子分别都有若干个时间段得电，在设计中一定要特别注意避免出现双线圈问题，梯形图如图 4-13 所示。

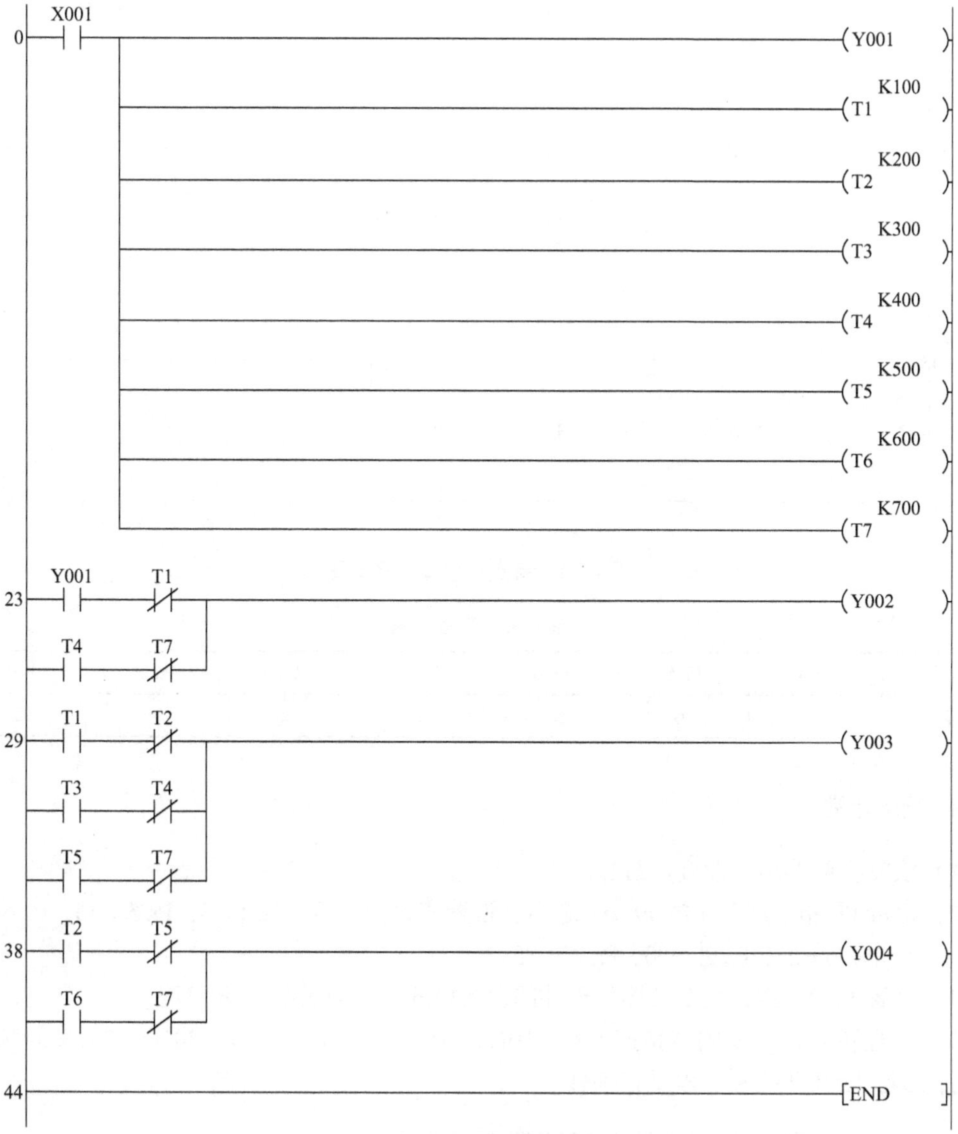

```
        X001
  0 ─────┤├──┬──────────────────────────────(Y001)
            │                                K100
            ├──────────────────────────────(T1   )
            │                                K200
            ├──────────────────────────────(T2   )
            │                                K300
            ├──────────────────────────────(T3   )
            │                                K400
            ├──────────────────────────────(T4   )
            │                                K500
            ├──────────────────────────────(T5   )
            │                                K600
            ├──────────────────────────────(T6   )
            │                                K700
            └──────────────────────────────(T7   )

        Y001    T1
 23 ─────┤├────┤/├──┬──────────────────────(Y002)
        T4     T7  │
         ├├────┤/├──┘

        T1     T2
 29 ─────┤├────┤/├──┬──────────────────────(Y003)
        T3     T4  │
         ├├────┤/├──┤
        T5     T7  │
         ├├────┤/├──┘

        T2     T5
 38 ─────┤├────┤/├──┬──────────────────────(Y004)
        T6     T7  │
         ├├────┤/├──┘

 44 ──────────────────────────────────────[END ]
```

图 4-13 经验设计梯形图

方法三：触点比较指令

梯形图如图 4-14 所示。

2. 参数设置

通过表 4-4 的对应关系设置参数，见表 4-6。

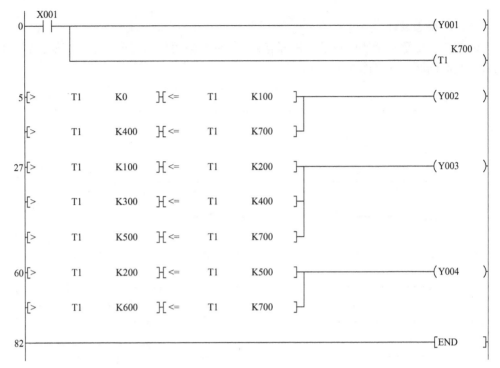

图 4-14 触点比较指令梯形图

表 4-6 参数设置

运行参数	Pr. 4	Pr. 5	Pr. 6	Pr. 24	Pr. 25	Pr. 26	Pr. 27
设定值	5	10	15	20	25	30	35

3. 调试步骤

1）恢复变频器出厂设置：ALLC = 1。

2）保持 PU 指示灯亮（Pr. 79 = 0 或 1），设置变频器参数：Pr. 4 = 5，Pr. 5 = 10，Pr. 6 = 15，Pr. 24 = 20，Pr. 25 = 25，Pr. 26 = 30，Pr. 27 = 35。

3）设置 Pr. 79 = 2，使变频器处于外部运行模式，此时 EXT 指示灯亮。

4）闭合开关 S_1，变频器按照 5Hz、10Hz、15Hz、20Hz、25Hz、30Hz、35Hz 的频率依次运行 10s，断开开关 S_1，电动机停转。

4.3.3 PLC 与变频器组合的七段速正反转控制

问题提出：某企业承接了一项工厂生产线 PLC 控制系统任务，完成一个用 PLC、变频器控制的三相异步电动机调速控制系统，实现对电动机的多段速控制。

控制要求如下：通过 PLC 控制变频器的外部端子实现变频器对电动机的多段速控制，按下起动按钮，变频器按图 4-15 所示的时序图运行。变频器首先控制电动机正转按 1 速（20Hz）运行 6s，然后控制电动机按 2 速（40Hz）运行 10s，接着控制电动机按 3 速（50Hz）运行 12s，然后电动机反转，变频器控制电动机按 4 速（25Hz）反转运行 15s，接着控制电动机按 5 速（30Hz）反转运行 9s，最后控制电动机按 6 速（45Hz）反转运行 14s，任何时候按下停止按钮，电动机停转。

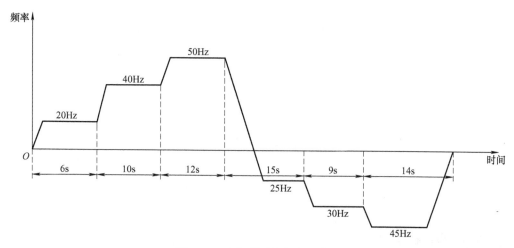

图 4-15　变频器运行频率时序图

1. 输入输出分配

分析控制要求，输入只需一个起动按钮、一个停止按钮，输出有六段速度，变频器要用到 RH、RM、RL 三个速度端子，另外还需要用到正转信号 STF 端子和反转信号 STR 端子，因此 PLC 的输出有五个，输入输出分配见表 4-7。

表 4-7　输入输出分配表

输入			输出		
输入继电器	输入元件	作用	输出继电器	输出元件	作用
X1	SB_1	起动按钮	Y0	STF	正转端子
X2	SB_2	停止按钮	Y1	STR	反转端子
			Y2	RH	高速端子
			Y3	RM	中速端子
			Y4	RL	低速端子

2. 接线图

按照输入输出分配表，接线图如图 4-16 所示。

3. 程序设计

电动机的运行速度有六段，根据表 4-4 运行参数对应表来设计程序，同样采用三种程序编写方法。

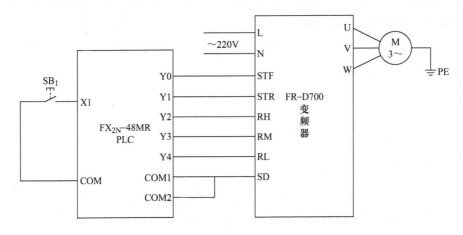

图 4-16　接线图

方法一：步进顺控

顺序功能图如图 4-17 所示，对应的梯形图请读者自行完成。另外要求"任何时候按下停止按钮，变频器控制电动机停转"，需在上述顺序功能图的基础上添加如下所示的独立程序：

无论程序执行到哪一步，按下停止按钮后，马上跳到区间复位指令，切断当前活动步，使电动机立即停止，并对初始状态继电器 S0 置位，确保下一次起动正常进行。

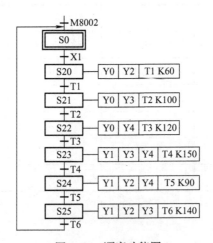

图 4-17　顺序功能图

方法二：经验设计

本问题中，电动机运行的前三段速度为正转，后三段速度为反转，因此要利用辅助继电器 M1 保持按钮按下去的状态，另外在设计中一定要特别注意避免出现双线圈问题，梯形图如图 4-18 所示。

第 4 章 变频器常用控制电路的设计

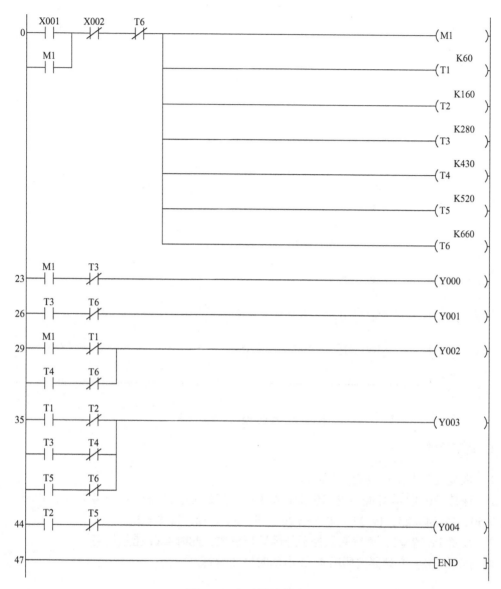

图 4-18 经验设计梯形图

方法三：触点比较指令

梯形图如图 4-19 所示。

4. 参数设置

通过表 4-4 的对应关系设置参数，见表 4-8。

表 4-8 参数设置

运行参数	Pr. 4	Pr. 5	Pr. 6	Pr. 24	Pr. 25	Pr. 26	Pr. 7	Pr. 8
设定值	20	40	50	25	30	45	2	2

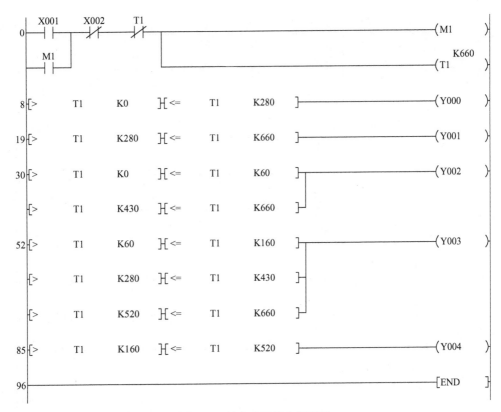

图 4-19 触点比较指令梯形图

5. 调试步骤

1）恢复变频器出厂设置：ALLC = 1。

2）保持 PU 指示灯亮（Pr. 79 = 0 或 1），设置变频器参数：Pr. 4 = 20，Pr. 5 = 40，Pr. 6 = 50，Pr. 24 = 25，Pr. 25 = 30，Pr. 26 = 45，Pr. 7 = 2，Pr. 8 = 2。

3）设置 Pr. 79 = 2，使变频器处于外部运行模式，此时 EXT 指示灯亮。

4）按下 SB_1，变频器按照图 4-15 所示时序图运行。

4.4 PLC 与变频器组合的自动送料系统控制

问题提出：某企业承接了一项 PLC 和变频器综合控制两站自动送料系统的装调任务，具体要求如下：按下起动按钮，小车以 45Hz 向左运行，碰撞限位开关 SQ_1 后，停下进行装料，20min 后，装料结束，小车以 40Hz 向右运行，碰撞限位开关 SQ_2 后，停止右行，开始卸料，10min 后，卸料结束，以 45Hz 向左运行，如此循环，直到按下停止按钮完成当前周期的工作后结束，如图 4-20 所示。电动机型号为 Y - 112M - 4。试用 PLC 配合变频器设计其控制系统并调试。

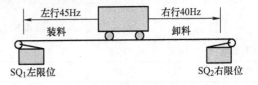

图 4-20 自动送料系统装调示意图

1. 输入输出分配

分析控制要求,输入包含一个起动按钮、一个停止按钮以及两端的限位开关,输出有装料、卸料两个电磁阀以及正反转两段速度,变频器要用到正转信号 STF 端子和反转信号 STR 端子及 RH、RM 两个速度端子,因此 PLC 的输出有六个。由于电磁阀要接 24V 直流电源,其公共端接电源负极;而连接变频器端子的输出继电器公共端要接到变频器的 SD 端,因此分配输出继电器时要注意将公共端进行区分,输入输出分配见表 4-9。

表 4-9 输入输出分配表

输入			输出		
输入继电器	输入元件	作用	输出继电器	输出元件	作用
X1	SB_1	起动按钮	Y1	YV1	装料电磁阀
X2	SB_2	停止按钮	Y2	YV2	卸料电磁阀
X11	SQ_1	左限位	Y4	STF	正转端子
X12	SQ_2	右限位	Y5	STR	反转端子
			Y6	RH	高速端子
			Y7	RM	中速端子

2. 接线图

按照输入输出分配表,接线图如图 4-21 所示。

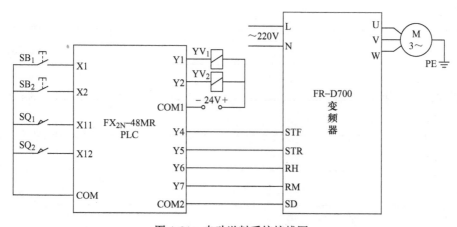

图 4-21 自动送料系统接线图

从图 4-21 可以看出,Y1、Y2 分别接到装料、卸料电磁阀,其公共端 COM1 接 24V 直流电源的负极;Y4~Y7 接变频器相应端子,其公共端 COM2 接到变频器的 SD 端。

3. 程序设计

方法一:步进顺控

从要求可以看出该问题有很明显的步骤及转换条件,因此使用步进顺控非常方便。由于该问题是由两个按钮控制的自动往返,在步进之外还需要一段独立程序,如下:

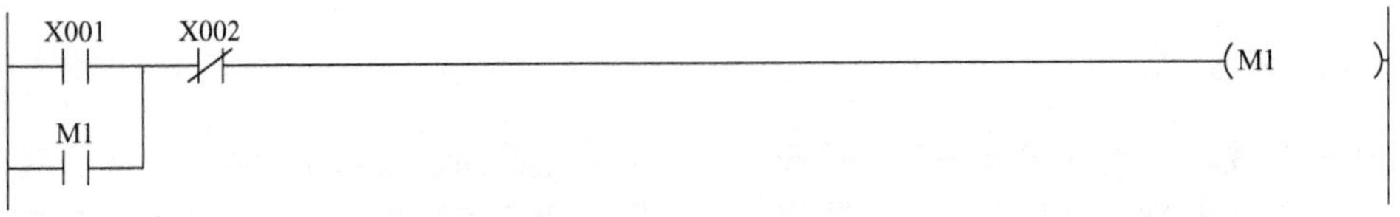

X001
X002
M1
M1

该独立程序中的M1控制系统的起动、停止及循环，需要注意的是，这段独立程序需要写在步进指令之外。顺序功能图如图4-22所示，对应的梯形图请读者自行完成。

M8002
S0
M1
S20
Y4
Y6
X11
S21
Y1
T1 K12000
T1
S22
Y5
Y7
X12
S23
Y2
T2 K6000
T2

图4-22 自动送料系统顺序功能图

方法二：经验设计

本问题要求并不复杂，使用步进顺控，程序具有较大的冗余，读者可以尝试使用经验设计来完成，这对提高逻辑思维也有很大的帮助，梯形图如图4-23所示。

设置参数时需要注意，由于运料小车碰到行程开关时要立即停止，所以减速时间要设为0。

1）恢复变频器出厂设置：ALLC＝1。

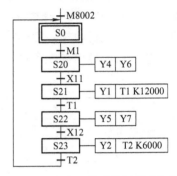

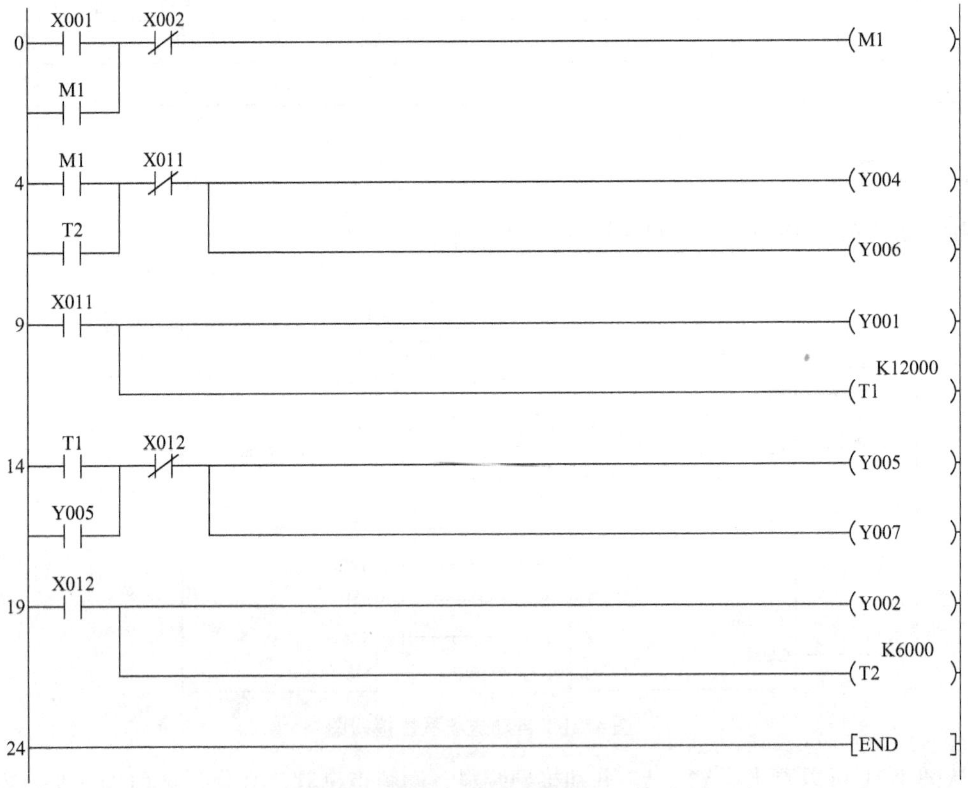

0
X001
X002
M1
M1
4
M1
X011
Y004
T2
Y006
9
X011
Y001
K12000
T1
14
T1
X012
Y005
Y005
Y007
19
X012
Y002
K6000
T2
24
END

图4-23 自动送料系统经验设计梯形图

2）保持PU指示灯亮（Pr. 79＝0或1），设置变频器参数：Pr. 4＝45，Pr. 5＝40，Pr. 7＝0，Pr. 8＝0。（注：Pr. 7、Pr. 8设为0的原因是小车碰到限位开关后必须马上停下来）

3）设置Pr. 79＝2，使变频器处于外部运行模式，此时EXT指示灯亮。

4）按下SB_1，自动送料系统开始运行；按下SB_2，自动送料系统完成当前周期工作后停止运行。

4.5 PLC模拟量与变频器的组合控制

问题提出：完成PLC有两类常见的模拟量信号：模拟电压、模拟电流。要求实现PLC电压模拟量与变频器的组合控制，具体要求如下：某锅炉风机控制系统需要通过变频器调节风机转速，从而调节风量，控制炉膛负压。风机参数为10kW、380V、△接法。标准控制电压（0～5V）通过PLC模拟量输入通道，经PLC处理后，输出模拟量电压（0～10V）控制变频器输出频率（0～50Hz），试用PLC配合变频器设计其控制系统并调试。

由于三菱FX系列PLC基本单元只能处理数字量，当要处理连续变化的电压或电流这类模拟量时，就需要增加模拟量处理模块。为了让读者对实施过程更加清楚，下文介绍一下常见的模拟量输入模块FX_{2N}-4AD及模拟量输出模块FX_{2N}-4DA。

1. 模拟量输入模块FX_{2N}-4AD

模拟量输入模块简称A-D模块，它是将外界输入的模拟量（电压或电流）转换成数字量并保存在内部特定的BFM（缓冲存储器）中，PLC可使用FROM指令从A-D模块中进行读取。FX_{2N}-4AD模块有CH1～CH4四个模拟量输入通道，可以同时将四路模拟量信号转换成数字量，并存入相应的BFM中。下面对BFM的功能进行说明。

FX_{2N}-4AD模块内部有32个16位BFM，编号为#0～#31，在这些BFM中，有的用来存储由模拟量转换的数字量，有的用来设置通道的输入形式（电压或电流输入），有的具有其他功能。FX_{2N}-4AD模块BFM功能见表4-10。

表4-10 FX_{2N}-4AD模块BFM功能

BFM	功　　能	
*#0	通道初始化，默认值为H0000	
*#1	通道1	平均采样次数1～4096 默认设置为8
*#2	通道2	
*#3	通道3	
*#4	通道4	
#5	通道1	平均值
#6	通道2	
#7	通道3	
#8	通道4	
#9	通道1	当前值
#10	通道2	
#11	通道3	
#12	通道4	
#13～#14	保留	
#15	选择A-D转换速度：设置0，则选择正常转换速度，15ms/通道（默认）；设置1，则选择高速，6ms/通道	

(续)

BFM	功能								
#16~#19	保留								
*#20	复位到默认值，默认设定为 0								
*#21	禁止调速偏移量、增益值。默认为 (0, 1)，允许调整								
*#22	偏移量、增益值调整	B_7	B_6	B_5	B_4	B_3	B_2	B_1	B_0
		G_4	O_4	G_3	O_3	G_2	O_2	G_1	O_1
*#23	偏移量，默认值为 0								
*#24	增益值，默认值为 5000								
#25~#28	保留								
#29	错误状态								
#30	识别码 K2010								
#31	禁用								

注：表中带*号的 BFM 中的值可以由 PLC 使用 TO 指令写入，不带*号的 BFM 中的值可以由 PLC 使用 FROM 指令读取。

下面对表 4-10 中 BFM 功能做进一步说明。

(1) #0 BFM　#0 BFM 用来初始化 A-D 模块的四个通道，用来设置四个通道的模拟量输入形式，其中的 16 位二进制数据可用 4 位十六进制数 H□□□□来表示，每个□设置一个通道，最高位□设置 CH4 通道，最低位□设置 CH1 通道。当□为 0 时，通道设为 -10~10V 电压输入；当□为 1 时，通道设为 4~20mA 电流输入；当□为 2 时，通道设为 -20~20mA 电流输入；当□为 3 时，通道关闭，输入无效。比如，当#0 BFM 的值为 H3320 时，CH1 通道设为 -10~10V 电压输入，CH2 通道设为 -20~20mA 电流输入，CH3、CH4 通道关闭。

(2) #1~#4 BFM　#1~#4 BFM 分别用来设置 CH1~CH4 通道的平均采样次数，比如，#1 BFM 中次数设为 3 时，CH1 通道需要对输入的模拟量转换 3 次，再将得到的 3 个数字量取平均值，数字量平均值存入#5 BFM 中。#1~#4 BFM 中的平均采样次数越大，得到平均值的时间越长，如果输入的模拟量变化较快，平均采样次数值可设小一些。

(3) #5~#8 BFM　#5~#8 BFM 分别用来存储 CH1~CH4 通道的数字量平均值。

(4) #9~#12 BFM　#9~#12 BFM 分别用来存储 CH1~CH4 通道以当前扫描周期转换来的数字量。

(5) #15 BFM　#15 BFM 用来设置所有通道的模-数转换速度，若#15BFM 为 0，则所有通道的模-数转换速度为 15ms（普速）；若#15BFM 为 1，则所有通道的模-数转换速度为 4ms（高速）。

(6) #20 BFM　当向#20 BFM 中写入 1 时，所有参数恢复为出厂设置值。

(7) #21 BFM　#21 BFM 用来禁止/允许偏移量和增益值的调整。当#21 BFM 的 b_1 =1、b_0 =0 时，禁止调整偏移量和增益值；当 b_1 =0、b_0 =1 时，允许调整。

(8) #22 BFM　#22 BFM 使用低 8 位来指定增益值和偏移量调整的通道，低 8 位标记为 $G_4O_4G_3O_3G_2O_2G_1O_1$，当 $G_□$ 位为 1 时，则 CH□通道增益值可调整；当 $O_□$ 位为 1 时，则 CH□通道偏移量可调整，比如，#22 BFM = H0030，则#22 BFM 的低 8 位 $G_4O_4G_3O_3G_2O_2G_1O_1$ =

00110000，即 CH3 通道的增益值和偏移量可调整，其中#23 BFM 存放偏移量，#24BFM 存放增益值。

（9）#23 BFM　#23 BFM 用来存放偏移量，可由 PLC 使用 TO 指令写入。

（10）#24 BFM　#24 BFM 用来存放增益值，可由 PLC 使用 TO 指令写入。

（11）#29BFM　#29 BFM 以位的状态来反映模块的错误信息，其各位错误定义见表 4-11。例如，#29 BFM 的 b_1 为 1，表示偏移和增益数据不正常，b_1 为 0 表示数据正常，PLC 使用 FROM 指令读取#29 BFM 中的值，进而了解 A-D 模块的操作状态。

表 4-11　#29 BFM 各位错误定义

#29 BFM 的位	ON	OFF
b_0：错误	$b_1 \sim b_4$ 中任何一位为 ON，所有通道的 A-D 转换停止	无错误
b_1：偏移和增益错误	在 EEPROM 中的偏移和增益值不正常或者调整错误	增益和偏移数据正常
b_2：电源故障	DC 24V 电源故障	电源正常
b_3：硬件错误	A-D 转换器或其他硬件故障	硬件正常
b_{10}：数字范围错误	数字输出值小于 -2048 或大于 2047	数字输出值正常
b_{11}：平均采样错误	平均采样数不小于 4097 或不大于 0（使用默认值 8）	平均采样设置正常（在 1~4096 之间）
b_{12}：偏移和增益调整禁止	禁止#21 BFM 的（b_1，b_0）设置为（1，0）	允许#21 BFM 的（b_1，b_0）设置为（1，0）

（12）#30 BFM　#30 BFM 用来存放 FX_{2N}-4AD 模块的 ID 号（身份标识号码），FX_{2N}-4AD 模块的 ID 号为 2010，PLC 通过读取#30 BFM 中的值来判断该模块是否为 FX_{2N}-4AD 模块。

下面通过设置和读取 FX_{2N}-4AD 模块的 PLC 程序来说明 FX_{2N}-4AD 模块的基本使用方法，如图 4-24 所示，其程序工作原理说明如下：当 PLC 运行开始时，M8002 触点接通一个扫描周期，首先执行 FROM 指令，将 0 号模块#30 BFM 的 ID 值读入 PLC 的数据存储器 D4，然后执行比较指令（CMP），将 D4 中的数据值与数值 2010 进行比较，若两者相等，表明当前模块为 FX_{2N}-4AD 模块，则将辅助继电器 M1 置 1。M1 常开触点闭合，从上往下执行 TO、FROM 指令，执行第一个 TO 指令（TOP 为脉冲型 TO 指令），让 PLC 往 0 号模块的#0 BFM 中写入 H3300，将 CH1、CH2 通道设为 -10~10V 电压输入，同时关闭 CH3、CH4 通道，接着执行第二个 TO 指令，让 PLC 往 0 号模块的#1、#2 BFM 中写入 4，将 CH1、CH2 通道的平均采样数设为 4，然后执行 FROM 指令，将 0 号模块的#29 BFM 中的操作状态值读入 PLC 的 M10~M25，若模块工作无误，并且转换得到的数字量范围正常，则 M10 继电器为 0，M10 常闭触点闭合，M20 继电器也为 0，M20 常闭触点闭合，执行 FROM 指令，将#5、#6 BFM 中的 CH1、CH2 通道转换来的数字量平均值读入 PLC 的 D0、D1 中。

2. 模拟量输出模块 FX_{2N}-4DA

模拟量输出模块简称 D-A 模块，它将模块内部特定 BFM（缓冲存储器）中的数字量

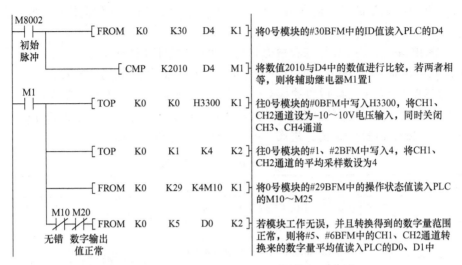

图 4-24 设置和读取 FX$_{2N}$-4AD 模块的 PLC 程序

转换成模拟量输出。FX$_{2N}$-4DA 模块有 CH1~CH4 四个模拟量输出通道，可以将模块内部特定的 BFM 中的数字量（由 PLC 使用 TO 指令写入）转换成模拟量输出。FX$_{2N}$-4DA 模块内部也有 32 个 16 位 BFM，其功能见表 4-12。

表 4-12 FX$_{2N}$-4DA 模块的 BFM 功能表

BFM	功　　能	BFM	功　　能
*#0	输出模式选择，出厂设置为 H0000	#12	CH2 偏移量
#1	CH1~CH4 待转换数字量	#13	CH2 增益值
#2		#14	CH3 偏移量
#3		#15	CH3 增益值
#4		#16	CH4 偏移量
#5	数据保持模式，出厂设置为 H0000	#17	CH4 增益值
#6~#7	保留	#18~#19	保留
*#8	CH1、CH2 偏移、增益设定命令，出厂设置为 H0000	#20	初始化，初始值为 0
		#21	禁止调整 I/O 特性，初始值为 1
*#9	CH3、CH4 偏移、增益设定命令，出厂设置为 H0000	#22~#28	保留
		#29	错误状态
#10	CH1 偏移量	#30	K3020 识别码
#11	CH1 增益值	#31	保留

下面对表 4-12 中 BFM 功能做进一步说明。

(1) #0BFM　#0BFM 用来设置 CH1~CH4 通道的模拟量输出形式，数据用 H□□□□ 表示，每个□设置一个通道，最高位□设置 CH4 通道，最低位□设置 CH1 通道。当□为 0 时，通道设为 -10~10V 电压输入；当□为 1 时，通道设为 4~20mA 电流输入；当□为 2 时，通道设为 -20~20mA 电流输入；当□为 3 时，通道关闭，输入无效。例如，当 #0 BFM 的值为 H3320 时，CH1 通道设为 -10~10V 电压输入；CH2 通道设为 -20~20mA 电流输入；CH3、CH4 通道关闭。

（2）#1 ~ #4BFM #1 ~ #4BFM 分别用来存储 CH1 ~ CH4 通道的待转换数字量，可由 PLC 用 TO 指令写入。

（3）#5BFM #5BFM 用来设置 CH1 ~ CH4 通道在 PLC 由 RUN 模式转变成 STOP 模式时的输出数据保持模式：当某位为 0 时，RUN 模式下对应通道最后输出值将保持输出；当某位为 1 时，对应通道最后输出值为偏移量。如#5BFM 的值为 H0011，则 CH1、CH2 通道输出值为偏移量，CH3、CH4 通道输出值保持为 RUN 模式下的最后输出值不变。

（4）#8、#9BFM #8BFM 用来允许或禁止调整 CH1、CH2 通道增益值和偏移量。#8BFM 的数据格式为 $HG_2O_2G_1O_1$，当某位为 0 时，表示禁止调整，为 1 时表示允许调整，#10 ~ #13BFM 中设定 CH1、CH2 通道的增益值或偏移量才有效。

#9BFM 用来允许或禁止调整 CH3、CH4 通道增益值和偏移量。#8BFM 的数据格式为 $HG_4O_4G_3O_3$，当某位为 0 时，表示禁止调整，为 1 时表示允许调整，#14 ~ #17BFM 中设定 CH3、CH4 通道的增益值或偏移量才有效。

（5）#10 ~ #17BFM

#10、#11BFM 用来存储 CH1 通道的偏移量和增益值；#12、#13BFM 用来存储 CH2 通道的偏移量和增益值；#14、#15BFM 用来存储 CH3 通道的偏移量和增益值；#16、#17BFM 用来存储 CH4 通道的偏移量和增益值。

（6）#20BFM #20BFM 用来初始化所有 BFM。当#20BFM 为 1 时，所有 BFM 中的值都恢复为出厂设定值。当设置出现错误时，常将#20BFM 设为 1 来恢复到初始状态。

（7）#21BFM #21BFM 用来允许或禁止 I/O 特性（增益值和偏移量）调整。当#21BFM 为 1 时，允许增益值和偏移量调整；当#21BFM 为 2 时，禁止增益值和偏移量调整。

（8）#29BFM #29BFM 以位的状态来反映模块的错误信息，其各位错误定义见表 4-13。

表 4-13 #29BFM 各位错误定义

#29BFM 的位	名 称	ON	OFF
b_0	错误	b_1 ~ b_4 任何一位为 ON	无错误
b_1	O/G 错误	EEPROM 中的偏移/增益数据不正常或者发生设置错误	偏移/增益数据正常
b_2	电源错误	DC24V 电源故障	电源正常
b_3	硬件错误	D-A 转换器故障或者其他硬件故障	没有硬件缺陷
b_{10}	范围错误	数字输入或模拟输出值超出指定范围	输入或输出值在规定范围内
b_{12}	G/O 调整禁止状态	#21BFM 没有设为 "1"	可调整状态（#21BFM = 1）

注：位 b_4 ~ b_9、b_{11}、b_{13} ~ b_{15} 未定义。

（9）#30BFM #30BFM 存放 FX_{2N}-4DA 模块的 ID 号（身份标识号码），FX_{2N}-4DA 模块的 ID 号为 3020，PLC 通过读取#30BFM 中的值来判断该模块是否为 FX_{2N}-4DA 模块。

下面通过设置 FX_{2N}-4DA 模块的 PLC 程序来说明 FX_{2N}-4DA 模块的基本使用方法，如图 4-25 所示，其程序工作原理说明如下：PLC 运行开始时，M8002 触点接通一个扫描周期，首先执行 FROM 指令，将 1 号模块#30BFM 中的 ID 值读入 PLC 的数据存储器 D0，接着执行比较指令（CMP），将 D0 中的数据值与数值 3020 进行比较，若两者相等，表明当前模块为

FX$_{2N}$-4DA 模块,则将辅助继电器 M1 置 1。M1 常开触点闭合,从上往下执行 TO、FROM 指令,执行第一个 TO 指令(TOP 为脉冲型 TO 指令),让 PLC 往 1 号模块的#0 BFM 中写入 H2100,将 CH1、CH2 通道设为 -10~10V 电压输出,将 CH3 通道设为 4~20mA 电流输出,将 CH4 通道设为 0~20mA 电流输出,接着执行第二个 TO 指令,将 PLC 的 D1~D4 中的数据分别写入 1 号模块的#1~#4BFM 中,让模块将这些数据转换成模拟量输出,然后执行 FROM 指令,将 1 号模块的#29 BFM 中的操作状态值读入 PLC 的 M10~M25,若模块工作无误,并且转换得到的数字量范围正常,则 M10 继电器为 0,M10 常闭触点闭合,M20 继电器也为 0,M20 常闭触点闭合,M3 线圈得电为 1。

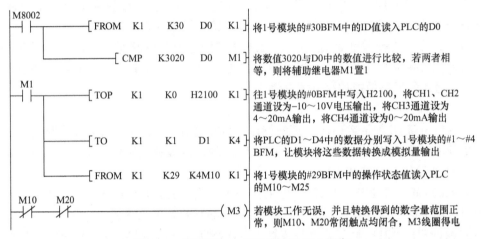

图 4-25 设置 FX$_{2N}$-4DA 模块的 PLC 程序

问题要求输入为电压模拟量,首先需要经过 FX$_{2N}$-4AD 模块将模拟量转换为数字量,经 PLC 处理后,又需要经过 FX$_{2N}$-4DA 模块将数字量转变成模拟量,并送往变频器模拟电压输入端子 2、5;PLC 的输出继电器 Y1 连接到变频器的正转端子 STF 作为起动信号。接线图如图 4-26 所示。

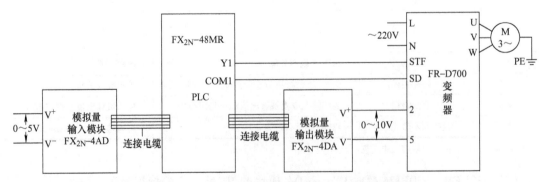

图 4-26 PLC 电压模拟量与变频器的组合控制接线图

梯形图如图 4-27 所示。

设置变频器参数时要注意:由于经 PLC 处理后的模拟电压为 0~10V,此时需设置 Pr.73 = 0,将 2 号端子允许输入的电压值范围设为 0~10V(默认 Pr.73 = 1,电压范围为 0~5V)。

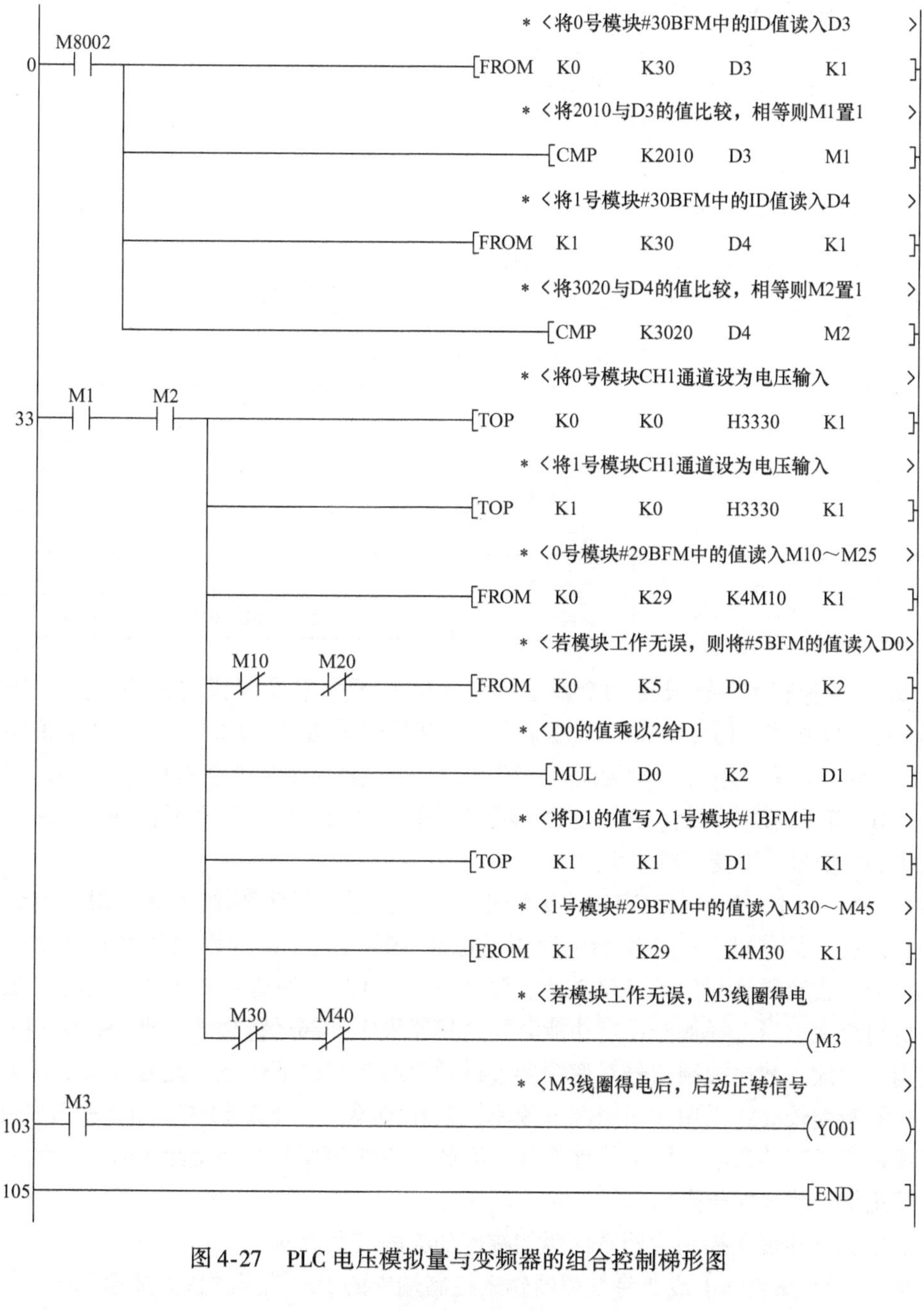

```
                                    *〈将0号模块#30BFM中的ID值读入D3 〉
    M8002
0 ───┤├─┬──────────────────────────[FROM  K0    K30   D3    K1]
      │
      │                             *〈将2010与D3的值比较,相等则M1置1〉
      ├──────────────────────────── [CMP   K2010  D3    M1]
      │
      │                             *〈将1号模块#30BFM中的ID值读入D4〉
      ├──────────────────────────── [FROM  K1    K30   D4    K1]
      │
      │                             *〈将3020与D4的值比较,相等则M2置1〉
      └──────────────────────────── [CMP   K3020  D4    M2]

     M1   M2                        *〈将0号模块CH1通道设为电压输入〉
33 ──┤├───┤├──┬─────────────────────[TOP   K0    K0    H3330  K1]
             │
             │                      *〈将1号模块CH1通道设为电压输入〉
             ├──────────────────────[TOP   K1    K0    H3330  K1]
             │
             │                      *〈0号模块#29BFM中的值读入M10~M25〉
             ├──────────────────────[FROM  K0    K29   K4M10  K1]
             │
             │  M10  M20             *〈若模块工作无误,则将#5BFM的值读入D0〉
             ├──┤/├──┤/├────────────[FROM  K0    K5    D0    K2]
             │
             │                      *〈D0的值乘以2给D1〉
             ├──────────────────────[MUL   D0    K2    D1]
             │
             │                      *〈将D1的值写入1号模块#1BFM中〉
             ├──────────────────────[TOP   K1    K1    D1    K1]
             │
             │                      *〈1号模块#29BFM中的值读入M30~M45〉
             ├──────────────────────[FROM  K1    K29   K4M30  K1]
             │
             │  M30  M40            *〈若模块工作无误,M3线圈得电〉
             └──┤/├──┤/├────────────────────────────────(M3)

     M3                             *〈M3线圈得电后,启动正转信号〉
103 ──┤├──────────────────────────────────────────────(Y001)

105 ──────────────────────────────────────────────────[END]
```

图4-27 PLC电压模拟量与变频器的组合控制梯形图

4.6 PLC与变频器遥控功能的组合控制

问题提出:某控制系统电动机由变频器控制,而变频器由PLC控制其起动、加速、反转等,总体控制要求为PLC根据输入端的控制信号,经过程序运算后由通信端口控制变频器运行。具体控制要求如下:

1) 打开起动开关,变频器开始运行。

2）打开加速开关，变频器加速运行。
3）打开减速开关，变频器减速运行。
4）打开反转开关，变频器反转运行。
5）打开停止开关，变频器停止运行。
6）打开急停开关，变频器紧急停止。
7）打开归零开关，变频器频率归零。

对于三菱 FR‑D700 变频器，可以通过对"遥控设定功能选择"参数 Pr.59 的设定，使其输入端具有加速、减速及归零的功能，Pr.59 的意义及设定范围见表 4‑14。

表 4‑14 参数 Pr.59 的意义及设定范围

参 数	初始值	范 围	功 能	
			RH、RM、RL 信号功能	频率设定值记忆功能
Pr.59	0	0	多段速设定	—
		1	遥控设定	有
		2	遥控设定	无
		3	遥控设定	无（用 STF/STR OFF 来清除遥控设定频率）

Pr.59 可选择有无遥控设定功能及遥控设定时有无频率设定值记忆功能。当 Pr.59 = 0 时，无遥控设定功能，RH、RM、RL 端子为多段速端子；当 Pr.59 = 1 或 2 时，有遥控设定功能，RH、RM、RL 端子功能分别为加速、减速、清除。如果此时接通 STF 信号：RH 接通→频率上升；RH 断开→频率保持；RM 接通→频率下降；RM 断开→频率保持；RL 接通→频率清除。断开 STF 信号，则变频器停止运行。

当 Pr.59 = 1 时，有频率设定值记忆功能，可以把遥控设定频率（即由 RH、RM 设定的频率）存储在存储器里。一旦切断电源再通电时，输出频率以此设定值重新开始运行。当 Pr.59 = 2 时，没有频率设定值记忆功能，频率可通过 RH（加速）和 RM（减速）在 0 到上限频率之间改变。当选择遥控设定功能时，变频器采用外部运行模式（即 Pr.79 = 2）。

利用外接加、减速控制信号对变频器进行频率给定有以下优点：此方法频率属于数字量给定，控制精度较高；采用按钮来调节频率，操作简单，且不易损坏；由于是开关量控制，故不受线路电压降的影响，抗干扰性能强。因此，在变频器进行外接给定时，尽量少用电位器，而采用加、减速端子进行频率给定。

下面以水泵的恒压控制为例来说明加减速功能的使用方法：

首先，设定 Pr.59 = 1 或 2 将变频器输入控制端中的 RH 端子预置为加速端子；RM 端子预置为减速端子。将压力传感器的上限触点接到减速端子 RM，当压力由于用水流量较小而升高，并超过上限值时，上限触点使 RM 接通，变频器的输出频率下降，水泵的转速和流量也随之下降，从而使压力下降，当压力低于上限值时，RM 断开，变频器的输出频率停止下降；压力表的下限触点接到 RH，当压力由于用水流量较大而降低，并低于下限值时，下限触点使 RH 接通，变频器的输出频率上升，水泵的转速和流量也随之上升，从而使压力升高，当压力高于下限值时，RH 断开，变频器的输出频率停止上升。通常情况下，供水系统中只要上、下限触点的位置安排适当，上述控制系统是能够满足要求的。

1. 输入输出分配

分析控制要求,输入包括起动开关、加速开关、减速开关、反转开关、停止开关、急停开关、归零开关共7个开关。另外由Pr.59的遥控设定功能可知,输出包括正转端子(STF)、反转端子(STR)、加速端子(RH)、减速端子(RM)及清除端子(RL)5个信号,输入输出分配见表4-15。

表4-15 输入输出分配表

输入			输出		
输入继电器	输入元件	作用	输出继电器	输出元件	作用
X1	S_1	起动开关	Y1	STF	正转端子
X2	S_2	加速开关	Y2	STR	反转端子
X3	S_3	减速开关	Y3	RH	加速端子
X4	S_4	反转开关	Y4	RM	减速端子
X5	S_5	停止开关	Y5	RL	清除端子
X6	S_6	急停开关			
X7	S_7	归零开关			

2. 接线图

按照输入输出分配表,接线图如图4-28所示。

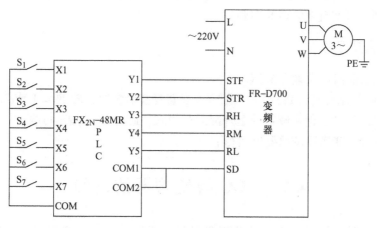

图4-28 接线图

3. 程序设计

梯形图如图4-29所示,其中0~6步为正转起动,并实现了停止和急停功能,两者的区别在于:急停功能在停止后如果将急停开关还原可重新起动。图中,X005(X5)为停止开关,X006(X6)为急停开关,如果闭合X5,则M1线圈失电导致Y001(Y1)线圈失电,重新断开X5,M1将不再得电,从而Y1也不得电,此为停止功能;如果闭合X6,M1线圈不失电,而只有 Y1 线圈失电,重新断开 X6 后,由于 M1 线圈一直得电,故 Y1 线圈可继续得电,此为急停功能。反转及其停止与急停功能也可如此实现,如图 4-29 中 7~13 步。

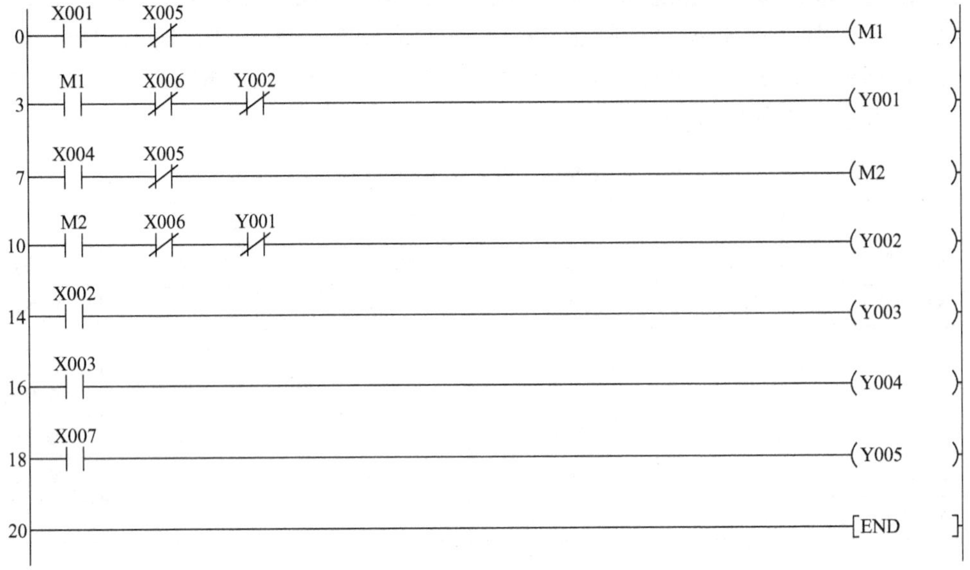

```
      X001   X005
  0   ─┤├───┤/├──────────────────────────(M1)

      M1    X006   Y002
  3   ─┤├───┤/├───┤/├────────────────────(Y001)

      X004   X005
  7   ─┤├───┤/├──────────────────────────(M2)

      M2    X006   Y001
 10   ─┤├───┤/├───┤/├────────────────────(Y002)

      X002
 14   ─┤├──────────────────────────────── (Y003)

      X003
 16   ─┤├──────────────────────────────── (Y004)

      X007
 18   ─┤├──────────────────────────────── (Y005)

 20                                       [END]
```

图 4-29 梯形图

14 步中,闭合 X002(X2),Y003(Y3)线圈得电,使 RH 接通,根据 Pr.59 遥控设定功能,可实现变频器加速运行;16~17 步中,闭合 X003(X3),Y004(Y4)线圈得电,使 RM 接通,可实现变频器减速运行;18~19 步中,闭合 X007(X7),Y005(Y5)线圈得电,使 RL 接通,可实现变频器频率归零。

4. 参数设置及调试

1)恢复变频器出厂设置:ALLC = 1。
2)保持 PU 指示灯亮(Pr.79 = 0 或 1),设置变频器参数:Pr.59 = 1 或 2。
3)设置 Pr.79 = 2,使变频器处于外部运行模式,此时 EXT 指示灯亮。
4)拨动开关,变频器按照要求运行。

4.7 PLC 与变频器的通信

问题提出:某控制系统电动机由变频器控制,而变频器由 PLC 以 RS-485 通信方式控制,当操作 PLC 输入端的正转、反转、手动加速、手动减速或停止按钮时,PLC 内部的相关程序段执行,通过 RS-485 通信方式将对应指令代码和数据发送给变频器,控制变频器的正转、反转、手动加速、手动减速或停止。

PLC 以开关量方式控制变频器时,需要占用较多的输出端子去连接变频器相应功能的输入端子,才能对变频器进行正转、反转和停止等控制;PLC 以模拟量方式控制变频器时,需要使用 D-A 模块才能对变频器进行频率调速控制。如果 PLC 以 RS-485 通信方式控制变频器,只需要一根 RS-485 通信电缆将控制和调频命令送给变频器,变频器根据通信电缆送来的信号执行相应的功能控制。RS-485 通信是目前工业控制中广泛采用的一种通信方式,具有较强的抗干扰能力,其通信距离可达几十米至上千米,这种通信方式最多可并联 32 台设备构成分布式系统,进行相互通信。

1. 变频器和 PLC 的 RS-485 通信口

(1) 变频器的 RS-485 通信口　三菱 FR-700 系列变频器单独配备了一个 RS-485 通信口,专用于 RS-485 通信,其外形及各引脚功能说明如图 4-30 所示,通信口的每个功能端子都有两个,一个接上一台 RS-485 通信设备,另一个接下一台 RS-485 通信设备,若无下一台设备,则应将终端电阻开关拨到"100Ω"一侧。

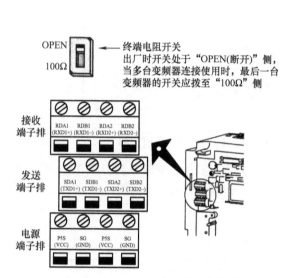

名称	内容
RDA1 (RXD1+)	变频器接收+
RDB1 (RXD1-)	变频器接收-
RDA2 (RXD2+)	变频器接收+ (分支用)
RDB2 (RXD2-)	变频器接收- (分支用)
SDA1 (TXD1+)	变频器发送+
SDB1 (TXD1-)	变频器发送-
SDA2 (TXD2+)	变频器发送+ (分支用)
SDB2 (TXD2-)	变频器发送- (分支用)
P5S (VCC)	5V 允许负载电流100mA
SG (GND)	接地 (和SD端子导通)

图 4-30　三菱 FR-700 系列变频器 RS-485 通信口外形及引脚功能说明

(2) PLC 的 RS-485 通信口　三菱 FX 系列 PLC 一般不带 RS-485 通信口,如果要与变频器进行 RS-485 通信,需给 PLC 安装 FX_{2N}-485-BD 通信板,其外形如图 4-31a 所示,安装方法如图 4-31b 所示。

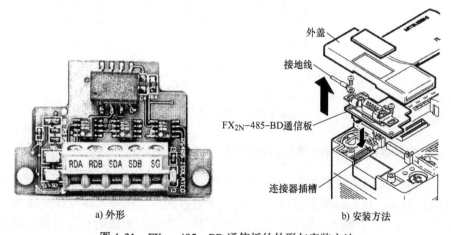

图 4-31　FX_{2N}-485-BD 通信板的外形与安装方法

2. 变频器和 PLC 的 RS-485 通信连接

（1）单台变频器与 PLC 的 RS-485 通信连接　单台变频器与 PLC 的 RS-485 通信连接如图 4-32 所示，两者在连接时，一台设备的发送端子（+/-）应分别与另一台设备的接收端子（+/-）连接，接收端子（+/-）应分别与另一台设备的发送端子（+/-）连接。

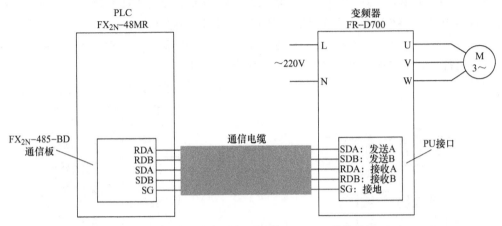

图 4-32　单台变频器与 PLC 的 RS-485 通信连接

（2）多台变频器与 PLC 的 RS-485 通信连接　多台变频器与 PLC 的 RS-485 通信连接如图 4-33 所示，可以实现一台 PLC 控制多台变频器的运行。

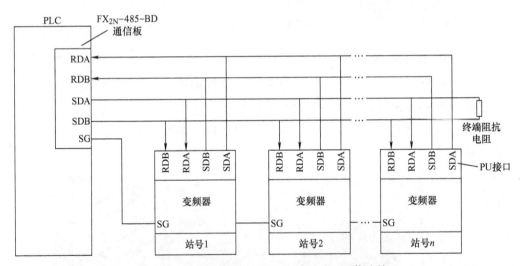

图 4-33　多台变频器与 PLC 的 RS-485 通信连接

3. PLC 与变频器的 RS-485 通信基础知识

（1）RS-485 通信的数据格式　PLC 与变频器进行 RS-485 通信时，PLC 可以向变频器写入（发送）数据，也可以读出（接收）变频器的数据，包括写入运行指令（如正转、反转、停止等）、写入运行频率、写入参数、读出参数、监视变频器的运行参数、将变频器复位等。

在 PLC 写入或读出数据时，数据传送是一段一段的，每段数据必须符合特定的数据格式，否则将无法识别数据段。PLC 与变频器的 RS-485 通信数据格式主要有 A、A′、B、C、D、E、E′、F 共 8 种格式。

1) PLC 向变频器传送数据时采用的数据格式。

PLC 向变频器传送数据时采用的数据格式包括 A、A′、B 三种，如图 4-34 所示。如 PLC 向变频器写入运行频率时采用格式 A，写入正转命令时采用格式 A′，查看变频器运行参数时采用格式 B。

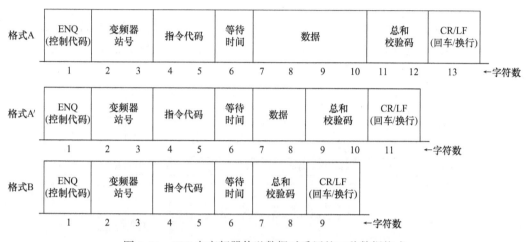

图 4-34　PLC 向变频器传送数据时采用的三种数据格式

在编写通信程序时，数据格式中的各部分内容都要使用 ASCII 码来表示。比如 PLC 以数据格式 A 向 13 号变频器写入频率，在编程时将要发送的数据存放在 D100~D112 中，其中 D100 存放控制代码 ENQ 的 ASCII 码 H05，D101、D102 分别存放变频器站号 13 的 ASCII 码 H31（1）、H33（3），D103、D104 分别存放写入频率指令代码 HED 的 ASCII 码 H45（E）、H44（D）。

下面对 RS-485 通信的数据格式各部分进行说明：

① 控制代码。每个数据段最前面都要有控制代码，控制代码含义说明见表 4-16。

表 4-16　控制代码含义说明

信号	ASCII 码	说明
STX	H02	数据开始
ETX	H03	数据结束
ENQ	H05	通信请求
ACK	H06	无数据错误
LF	H0A	换行
CR	H0D	回车
NAK	H15	有数据错误

② 变频器站号。用于指定与 PLC 通信的变频器站号，数值可为 0~31，并且要与变频器设定的站号一致。

③ 指令代码。由 PLC 发送给变频器用来指示变频器进行何种操作的代码,如读出变频器输出频率的指令代码为 H6F。

④ 等待时间。指定 PLC 传送完数据后到变频器开始返回数据之间的时间间隔,单位为 10ms,可设范围为 0~15,即 0~150ms,如果变频器用 Pr.123 设定了等待时间,则通信数据中不用再指定等待时间,可以节省一个字符;如果通信数据中使用等待时间,则应将 Pr.123 设为 9999。

⑤ 数据。PLC 写入变频器的运行和设定数据,如频率和参数等,数据的定义和设定范围由指令代码确定。

⑥ 总和校验码。用来校验本段数据传送过程中是否发生错误。将控制代码与总和校验码之间各项 ASCII 码求和,取和数据(十六进制数)的低 2 位作为总和校验码,举例如图 4-35 所示。

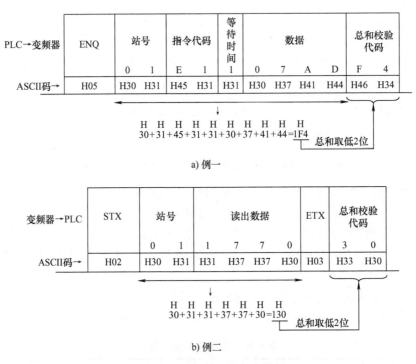

图 4-35 总和校验码求取举例

⑦ CR/LF(回车/换行)。当变频器的参数 Pr.124 设为 0 时,不用 CR/LF,可以节省一个字符。

2) 变频器向 PLC 传送数据(返回数据)时采用的数据格式。

变频器接收到 PLC 传送过来的数据,一段时间后会返回数据给 PLC。变频器向 PLC 返回数据采用的格式包括 C、D、E、E',如图 4-36 所示。

如果 PLC 传送的指令是写入数据(控制变频器正反转、运行频率等),变频器以格式 C 或格式 D 返回数据到 PLC。若变频器发现 PLC 传送过来的数据无误,则会以格式 C 返回数据;若变频器发现传送过来的数据有误,则以格式 D 返回数据,格式 D 数据中包含错误代码,用来告诉 PLC 出现何种错误,错误代码含义见表 4-17。

a) PLC传送的指令是写入数据时变频器返回数据采用的数据格式

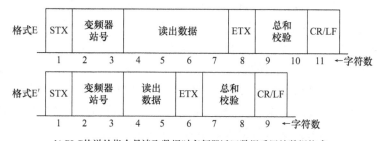

b) PLC传送的指令是读取数据时变频器返回数据采用的数据格式

图 4-36 变频器向 PLC 返回数据采用的四种数据格式

表 4-17 变频器返回错误代码的含义

错误代码	项 目	定 义	变频器动作
H0	计算机 NAK 错误	从计算机发送的通信请求数据被检测到的连续错误次数超过允许的再试次数	如果连续错误发生次数超过允许再试次数，则产生 E.PUE 报警并且停止
H1	奇偶校验错误	奇偶校验结果与规定的奇偶校验不相符	
H2	总和校验错误	计算机中的总和校验代码与变频器接收的数据不相符	
H3	协议错误	变频器以错误的协议接收数据，在提供的时间内数据接收没有完成或 CR/LF 在参数中没有设定使用	
H4	格式错误	停止位长不符合规定	
H5	溢出错误	变频器完成前面的数据接收之前，从计算机又发送了新数据	
H7	字符错误	接收字符无效，即在 0~9、A~F 的控制代码以外	不能接收数据但不会带来报警停止
HA	模式错误	试图写入的参数在计算机通信操作模式以外或变频器在运行中	
HB	指令代码错误	规定的指令不存在	
HC	数据范围错误	规定了无效的数据用于参数写入、频率设定等	

如果 PLC 传送的指令是读出数据（读取变频器的输出频率、电压等），变频器以格式 E 或 E′ 返回数据到 PLC，这两种数据格式中都包含 PLC 要从变频器读取的数据，通常情况下，变频器采用格式 E 返回数据，只有 PLC 传送个别指令代码时变频器才以格式 E′ 返回数据，如果 PLC 传送给变频器的数据有误，则以格式 D 返回数据。

掌握变频器返回数据格式便于了解变频器的工作情况。例如，在编写 PLC 通信程序时，D100~D112 存放 PLC 发送数据，以 D200~D210 存放变频器返回数据，如果 PLC 要查看变频器的输出频率，则要使用监视输出频率指令代码 H6F，PLC 以格式 B 将 D100~D108 中的数据发送给变频器后,变频器以格式 E 将频率数据返回给 PLC,如果传送数据出错则以格式 D 返回,返回数据存放在 PLC 的 D200~D210 中,由格式 E 可知,频率数据存放在 D203~D206 单元,只要了解这些单元的数据就能得到变频器的输出频率。

(2) 变频器通信的指令代码、数据位和使用的数据格式　PLC 与变频器进行 RS-485 通信时,变频器的动作是由 PLC 传送过来的指令代码和有关数据决定的,PLC 可以给变频器发送指令代码和接收变频器的返回数据,变频器却不能向 PLC 发送指令代码,而只能接收 PLC 发送过来的指令代码并返回相应数据,同时执行指令代码规定的动作。

要以通信的方式控制变频器,需要知道变频器的指令代码,让变频器执行某种动作时,只要给变频器发送与该操作相对应的指令代码即可。三菱 FR-700 系列变频器在通信时可使用的指令代码、数据位和数据格式见表 4-18。比如,PLC 要以 RS-485 通信控制变频器正转,则应以格式 A′发送数据段给变频器,其中第 4、5 字符为运行指令代码 HFA,第 7、8 字符为设定正转的数据 H02,变频器接收数据后,如无误,则以格式 C 返回数据给 PLC;若有误,则以格式 D 返回数据给 PLC。格式 B 无数据位,表中的数据位是指返回数据时的数据位。

表 4-18　三菱 FR-700 系列变频器在通信时可使用的指令代码、数据位和数据格式

编号	项目		指令代码	数据位说明						数据格式
1	操作模式	读出	H7B	H0000:通信选项运行 H0001:外部操作 H0002:通信操作(PU 接口)						B, E/D
		写入	HFB	H0000:通信选项运行 H0001:外部操作 H0002:通信操作(PU 接口)						A, C/D
2	监视	输出频率	H6F	H0000~HFFF:输出频率(十六进制)最小单位 0.01Hz						B, E/D
		输出电流	H70	H0000~HFFF:输出电流(十六进制)最小单位 0.1A						B, E/D
		输出电压	H71	H0000~HFFF:输出电压(十六进制)最小单位 0.1V						B, E/D
		特殊监视	H72	H0000~HFFF:用指令代码 HF3 选择监视数据						B, E/D
		特殊监视选择号	读出	H73	H01~H0E 监视数据选择					B, E′/D
				数据	说明	最小单位	数据	说明	最小单位	
				H01	输出频率	0.01Hz	H09	再生制动	0.1%	
			写入 HF3	H02	输出电流	0.01A	H0A	过电流保护负载率	0.1%	A′, C/D
				H03	输出电压	0.1V	H0B	电流峰值	0.01A	
				H05	设定频率	0.01Hz	H0C	电压峰值	0.1V	
				H06	运行速度	1r/min	H0D	输入功率	0.01kW	
				H07	转矩	0.1%	H0E	输出电力	0.01kW	

（续）

编号	项目		指令代码	数据位说明	数据格式
2	监视	报警定义	H74～H77	H0000～HFFF：最近的再次报警记录 读出数据：例如 H30A0 前一次报警：THT 最近一次报警：OPT $b_{15} \quad\quad b_8 b_7 \quad\quad b_0$ `0 0 1 1 0 0 0 0 1 0 1 0 0 0 0 0` 前一次报警（H30）最近一次报警（HA0） 报警代码 | 代码	说明	代码	说明	代码	说明 | |---|---|---|---|---|---| | H00 | 没有报警 | H51 | UVT | HB1 | PUE | | H10 | OC1 | H60 | OLT | HB2 | RET | | H11 | OC2 | H70 | BE | HC1 | CTE | | H12 | OC3 | H80 | GF | HC2 | P24 | | H20 | OV1 | H81 | LF | HD5 | MB1 | | H21 | OV2 | H90 | OHT | HD6 | MB2 | | H22 | OV3 | HA0 | OPT | HD7 | MB3 | | H30 | THT | HA1 | OP1 | HD8 | MB4 | | H31 | THM | HA2 | OP2 | HD9 | MB5 | | H40 | FIN | HA3 | OP3 | HDA | MB6 | | H50 | IPF | HB0 | PE | HDB | MB7 |	B, E/D
3	运行指令		HFA	$b_7\|b_6\|b_5\|b_4\|b_3\|b_2\|b_1\|b_0$ b_0：电流输入选择（AU） b_1：正转（STF） b_2：反转（STR） b_3：低速（RL） b_4：中速（RM） b_5：高速（RH） b_6：第2功能选择（RT） b_7：输出停止（MRS）	A′, C/D
4	变频器状态监视		H7A	$b_7\|b_6\|b_5\|b_4\|b_3\|b_2\|b_1\|b_0$ b_0：变频器正在运行（RUN） b_1：正转（STF） b_2：反转（STR） b_3：频率达到（SU） b_4：过载（OL） b_5：瞬时停电（IPF） b_6：频率检测（FU） b_7：发生报警	B, E/D

（续）

编号	项目		指令代码	数据位说明	数据格式
5	设定频率读出（E²PROM）		H6E	读出设定频率 E²PROM 或 RAM H0000 ~ H2EE0：最小单位 0.01Hz（十六进制）	B, E/D
	设定频率读出（RAM）		H6D		
	设定频率写入（E²PROM）		HEE	H0000 ~ H9C40：最小单位 0.01Hz（十六进制） (0 ~ 400.00Hz) 频繁改变运行频率时，请写入变频器的 RAM	A, C/D
	设定频率写入（RAM）		HED		
6	变频器复位		HFD	H9696：复位变频器，当变频器在通信开始由计算机复位时，变频器不能发送应答数据给计算机	A, C/D
7	报警全部清除		HF4	H9696：报警履历的全部清除	A, C/D
8	参数全部清除		HFC	所有参数返回出厂设定值 根据设定的数据不同有四种清除操作的方式： | 数据	通信 Pr.	校准	其他 Pr.	HEC HF3 HFF | |---|---|---|---|---| | H9696 | ○ | × | ○ | ○ | | H9966 | ○ | ○ | ○ | ○ | | H5A5A | × | × | ○ | ○ | | H55AA | × | ○ | ○ | ○ | 当执行 H9696 或 H9966 时，所有参数被清除，与通信相关的参数设定值也返回出厂设定值，当重新操作时，需要设定参数	A, C/D
9	用户清除		HFG	H9669：进行用户清除 | 通信 Pr.	校准	其他 Pr.	HEC HF3 HFF | |---|---|---|---| | ○ | × | ○ | ○ |	A, C/D
10	参数写入		H80 ~ HE3	参考数据表写入和（或）读出要求的参数，注意有些参数不能进入	A, C/D
11	参数读出		H00 ~ H63		B, E/D
12	网络参数其他设定	读出	H7F	H00 ~ H6C 和 H80 ~ HEC 参数值可以改变 H00：Pr. 0 ~ Pr. 96 可以进入 H01：Pr. 100 ~ Pr. 158, Pr. 200 ~ Pr. 231, Pr. 900 ~ Pr. 905 值可以进入	B, E'/D
		写入	HFF	H02：Pr. 160 ~ Pr. 199, Pr. 232 ~ Pr. 287 值可以进入 H03：可读出，写入 Pr. 300 ~ Pr. 342 的内容 H00：Pr. 990 值可以进入	A', C/D
13	第二参数更改	读出	H6C	设定编程运行（数据代码 H3D ~ H5A, HBD ~ HDA）的参数情况，H00——运行频率；H01——时间；H02——回转方向	B, E'/D
		写入	HEC	设定偏差、增益（数据代码 H5E ~ H6A, HDE ~ HED）的参数情况，H00——补偿/增益；H01——模拟；H02——端子的模拟值	A', C/D

根据控制要求,输入输出分配见表 4-19。

表 4-19 输入输出分配表

输入			输出		
输入继电器	输入元件	作用	输出继电器	输出元件	作用
X0	SB_1	正转起动按钮	Y1	HL_1	正转指示灯
X1	SB_2	反转起动按钮	Y2	HL_2	反转指示灯
X2	SB_3	停止按钮	Y3	HL_3	停止指示灯
X3	SB_4	手动加速按钮			
X4	SB_5	手动减速按钮			

根据输入输出分配表及 FX_{2N}-485-BD 通信板的使用规则,接线图如图 4-37 所示。

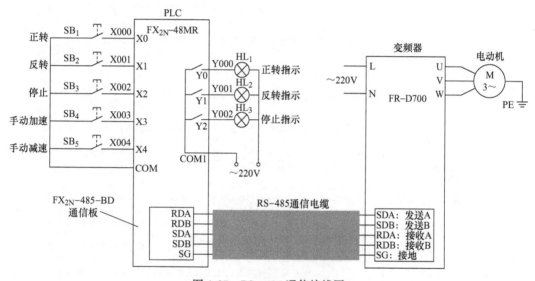

图 4-37 RS-485 通信接线图

PLC 以通信方式控制变频器时,要给变频器发送指令代码从而控制变频器执行相应的动作。PLC 以 RS-485 通信方式控制变频器的正反转、加减速及停止的梯形图如图 4-38 所示。其中,M8161 是 RS、ASCI、HEX、CCD 指令的数据处理模式特殊继电器,当 M8161 为 ON 时,这些指令只处理存储单元的低 8 位数据,而将高 8 位数据忽略;当 M8161 为 OFF 时,这些指令将存储单元 16 位数据分高 8 位和低 8 位处理。D8120 为通信格式设置特殊存储器,RS 为串行数据传送指令,ASCI 为十六进制数转 ASCII 码指令,HEX 为 ASCII 码转十六进制数指令,CCD 为求总和校验码指令。

变频器与 PLC 通信时,需要设置与通信相关的参数,有些参数值应与 PLC 保持一致,其参数设置见表 4-20。

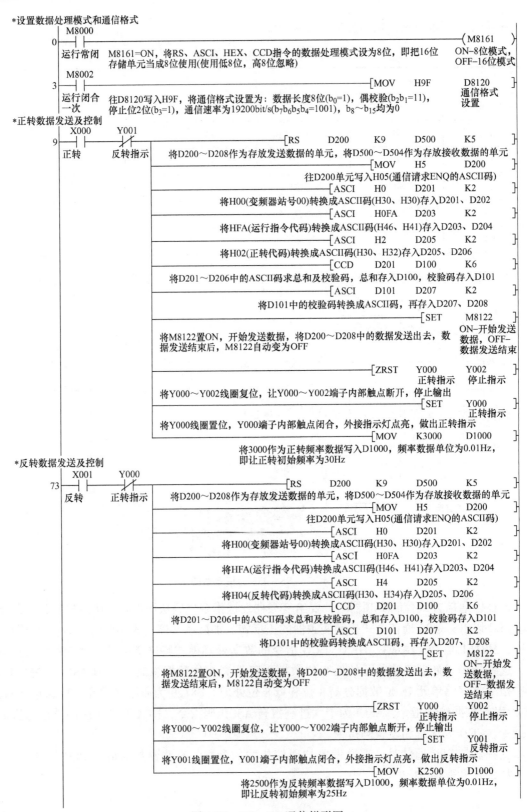

图 4-38　RS-485 通信梯形图

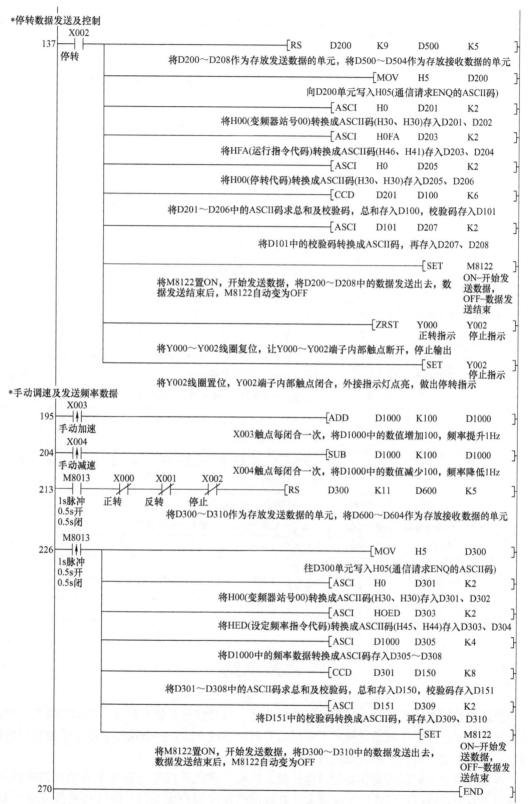

图 4-38 RS-485 通信梯形图（续）

表 4-20 变频器参数设置

参数（Pr.）	名称	取值范围	说明	设定值
117	PU 通信站号	0~31	变频器站号指定 1 台个人计算机连接多台变频器时要设定变频器的站号 当 Pr.549 = 1（MODBUS-RTU 协议）时，设定范围为括号内的数值	0
118	PU 通信速率	48、96、192、384	通信速率 通信速率为设定值×100（例如，如果设定值是 192，则通信速率为 19200bit/s）	192
119	PU 通信停止位长	0	停止位长：1bit 数据长：8bit	1
		1	停止位长：2bit 数据长：8bit	
		10	停止位长：1bit 数据长：7bit	
		11	停止位长：2bit 数据长：7bit	
120	PU 通信奇偶校验	0	无奇偶校验	2
		1	奇校验	
		2	偶校验	
121	PU 通信再试次数	0~10	发生数据接收错误时的再试次数允许值，连续发生错误次数超过允许值时，变频器将跳闸	9999
		9999	即使发生通信错误，变频器也不会跳闸	
122	PU 通信校验时间间隔	0	可进行 RS-485 通信，但是，有操作权的运行模式起动的瞬间将发生通信错误	9999
		0.1~999.8s	通信校验（断线检测）时间间隔，无通信状态超过允许时间时，变频器将跳闸	
		9999	不进行通信检测（断线检测）	
123	PU 通信等待时间设定	0~150ms	设定向变频器发出数据后信息返回的等待时间	20
		9999	用通信数据进行设定	
124	PU 通信有无 CR/LF 选择	0	无 CR、LF	0
		1	有 CR	
		2	有 CR、LF	

本章小结

变频器控制电动机运行时需要提供两类信号：起动信号及速度信号。起动信号及正转还是反转，速度信号在外部运行模式下常用的有两种提供方式：一是通过速度端子设置相应的参数；二是采用模拟电压法，通过调节电位器来进行调节。

本章介绍了继电器与变频器的组合控制，包括电动机正反转控制及工频变频切换控制。工频与变频的切换具有很强的实际意义，在电动机需要进行无级调速时应切换到变频模式，当电动机调速完成并在工频下运行时,及时将其供电设备切换到工频电网,让变频器休息,可以大大提高变频器的使用寿命。

PLC 与变频器组合的多档转速控制,要求掌握变频器正转端子 STF、反转端子 STR、三个速度端子 RH、RM、RL 与 PLC 的连接,以及速度端子接通时与运行频率的对应关系。每个问题均采用了三种编程方法:步进顺控、经验设计、触点比较指令。其中,步进顺控编程逻辑最为简单,要求大家都能够掌握,其他两种方法可以根据个人实际情况进行选择,但是触点比较指令一定要学会如何录入 GX Developer 软件中,这也是技能抽查考试中要求的基本技能。

PLC 模拟量与变频器的组合控制,要求掌握模拟量输入模块 FX_{2N}-4AD 模块及模拟量输出模块 FX_{2N}-4DA 的使用方法并理解 PLC 模拟量与变频器的组合控制。

PLC 与变频器遥控功能的组合控制,要求掌握遥控设定功能选择参数 Pr.59 的意义及设定方法,以及利用 RH、RM、RL 端子实现加速、减速及归零功能的方法,并了解遥控设定功能的优点。

PLC 以 RS-485 通信方式控制变频器的正反转、加减速及停止,这涉及 PLC 相关指令及变频器通信相关的参数,难度较高,供基础较好的读者进行拓展学习。

思考与练习

1. 继电器与变频器组合的电动机正反转控制如何防止正反转误动作?
2. 国家规定的电力工业及用电设备的标准频率是多少?如何实现工频与变频的切换?
3. 如果 4.4 节自动送料系统控制中要求按下停止按钮系统立即停止运行,程序如何修改?(提示:步进顺控中可以使用区间复位指令 ZRST 或者特殊辅助继电器 M8034(输出全部禁止);经验设计中只需要在每条支路都加上 X2 的常闭触点切断线圈即可)
4. 实现 PLC 电流模拟量与变频器的组合控制,具体要求如下:某水泵电动机需要通过变频器调速控制抽水量。水泵电动机参数为 10kW、380V、△接法。输入信号起动、停止按钮及电流调速信号(0~20mA 控制变频器输出频率 0~50Hz)通过 PLC 处理后控制变频器,实现电动机的起动、停止和调速。试完成 PLC、变频器综合控制系统设计并安装调试。

第 5 章　变频器的选择、安装与维护

在变频器的使用过程中，如果变频器的选择、使用和维护不当，经常会引起变频器运行不正常，甚至引发设备故障，导致生产中断，带来不必要的损失。本章主要介绍变频器的选择、安装与维护，学习目标见表 5-1。

表 5-1　本章学习目标

序号	名　称	学习目标
5.1	变频器的选择	了解变频器的种类；了解负载的不同类型及对变频器选型的要求；掌握变频器容量的计算方法及不同情况下变频器的选择方法
5.2	变频器的安装和控制柜的设计	了解变频器的安装环境；掌握变频器的安装方式及控制柜的设计方式；掌握变频器的使用注意事项
5.3	变频器的故障处理及检查维护	了解变频器的自我保护功能及其处理措施；掌握变频器运行过程中出现的故障及其处理方式；了解变频器的日常检查和定期检查项目

5.1　变频器的选择

5.1.1　变频器的分类

变频器的种类有很多，下面按照不同的方法对变频器进行分类介绍。

1. 按变频器的电路组成分类

按照电路组成不同，变频器可分为交-交变频器和交-直-交变频器。

交-交变频器：将频率固定的交流电直接转换成频率连续可调的交流电，主要优点是没有中间环节，转换效率高。但其连续可调的频率范围窄，所采用的元器件多，应用受到很大限制。

交-直-交变频器：先将频率固定的交流电经过整流后变成直流电，然后通过逆变电路，把直流电逆变成频率连续可调的三相交流电，在频率的调节范围以及变频后电动机特性改善等方面，具有明显优势，因此该类型变频器是目前使用较多的变频器。其组成框图如图 5-1 所示。

2. 按变频器的控制方式分类

按不同的控制方式，变频器可分为 U/f 控制、转差频率控制、矢量控制（VC）和直接

图 5-1 交-直-交变频器组成框图

转矩控制四种类型。

U/f 控制：即压频比控制，对变频器输出的电压和频率同时进行控制，保持 U/f 恒定以使电动机获得所需的转矩特性。这种控制方式成本低，多用于精度要求不高的通用变频器。

转差频率控制：通过电动机的实际转速，根据设定频率与实际频率的差对输出频率进行连续调节，从而使输出频率满足电动机设定转速的要求。采用转速闭环控制系统，提高了系统的调速精度、加减速特性，但由于系统结构复杂，通用性较差。

矢量控制（VC）：根据交流电动机的动态数学模型，利用坐标变换手段，将交流电动机的定子电流分解成磁场分量电流和转矩分量电流，并分别加以控制，即模仿直流电动机的控制方式对电动机的磁场和转矩分别进行控制，须同时控制电动机定子电流的幅值和相位，即控制电流矢量，这种控制方式被称为矢量控制，使交流电动机获得类似于直流调速系统的动态性能。矢量控制方式使异步电动机的高性能成为可能。矢量变频器不仅在调速范围上可与直流电动机相匹配，而且可以直接控制异步电动机转矩的变化，所以已经在许多需要精密或快速控制领域得到了广泛应用。

直接转矩控制：通过控制电动机的瞬时输入电压来控制电动机定子磁链的瞬时旋转速度，改变它对转子的瞬时转差率，从而达到直接控制电动机输出的目的。

3. 按变频器的用途分类

变频器的用途是用户最为关心的，根据其用途的不同，变频器可以分为通用变频器和专用变频器。

1）通用变频器：顾名思义，通用变频器的特点是通用性，是变频器家族中数量最多、应用最为广泛的一种。随着变频技术的发展和市场需求的不断扩大，通用变频器正朝着两个方向发展：一是以节能为主要目的而简化了一些系统功能的低成本简易型通用变频器，它主要应用于水泵、风扇、鼓风机等对系统调速性能要求不高的场合，并具有体积小、价格低等优势；二是在设计过程中充分考虑了应用中各种需要的高性能、多功能通用变频器，在使用时，用户可以根据负载的特性选择算法对变频器的各种参数进行设定，也可以根据系统的需要选择厂家所提供的各种备用选件来满足系统的特殊需要。高性能的多功能通用变频器除了可以应用于简易型变频器的所有应用领域外，还可以广泛应用于电梯、数控机床、电动车辆等对调速系统性能有较高要求的场合。

过去，通用变频器基本上采用的是电路结构比较简单的 U/f 控制方式，与矢量控制方式相比，在转矩控制性能方面要差一些。随着变频技术的发展，一些厂家已经推出采用矢量控制的通用变频器，以适应竞争日趋激烈的变频器市场需求。随着电力电子技术和计算机技术的发展，今后变频器的性价比将不断提高。

2）专用变频器：专用变频器用来驱动特定的某些设备，主要有高性能专用变频器、高频变频器和高压变频器三类。

5.1.2 不同负载变频器类型的选择

在生产实践中,需要根据负载的机械特性来选择不同类型的变频器。

1. 恒转矩负载变频器的选择

在工矿企业中应用比较广泛的桥式起重机、带式输送机等都属于恒转矩负载类型,提升类负载也属于恒转矩负载类型。对于恒转矩负载,变频器的选择需考虑以下几个因素:

1) 调速范围。在调速范围不大、对机械特性硬度要求不高的场合,可选用只有 U/f 控制方式或无反馈矢量控制方式的变频器。

2) 负载波动。对于转矩波动较大的负载,应考虑采用矢量控制方式的变频器。如果负载要求具有较高的动态响应,则应选用有反馈的矢量控制变频器。

2. 恒功率负载变频器的选择

各种卷曲机械(如造纸机械)属于恒功率负载类型。对于恒功率负载,选择 U/f 控制方式的变频器即可。但对于精度要求较高的卷曲机械来说,必须选择具有矢量控制方式的变频器。

3. 二次方律负载变频器的选择

离心式风机和水泵都属于典型的二次方律负载。对于二次方律负载,选择 U/f 控制方式的变频器即可。由于二次方律负载的转矩与转速的二次方成正比,当工作频率高于额定频率时,负载转矩将大大超过电动机额定转矩使变频器过载。因此,在功能设置时需要注意,最高工作频率不能高于额定频率。

不同机械特性负载的变频器选用见表 5-2。

表 5-2 不同机械特性负载的变频器选用

负载类型		恒 转 矩	恒 功 率	二次方律
变频器类型	一般要求	U/f 控制变频器	U/f 控制变频器	U/f 控制变频器
	要求较高	矢量控制变频器、直接转矩控制变频器	矢量控制变频器、直接转矩控制变频器	

5.1.3 变频器容量的选择

变频器的容量通常用额定输出电流、输出容量、适用电动机功率表示。其中,额定输出电流为变频器可以连续输出的最大交流电流的有效值。

1. 额定输出电流

采用变频器对异步电动机进行调速时,确定电动机后,通常应根据异步电动机的额定电流来选择变频器,或者根据异步电动机运行过程中的电流最大值来选择变频器。

(1) 连续运行 由于变频器输送给电动机的是脉动电流,其脉动值要比工频电源供电时大一些,所以要给变频器的额定输出电流留有适当裕度。

一般情况下,变频器的额定输出电流应不小于 1.05~1.1 倍电动机的额定电流或电动机

实际运行时的最大电流,即

$$I_{INV} \geq (1.05 \sim 1.1) I_{MN} \text{ 或 } I_{INV} \geq (1.05 \sim 1.1) I_{max}$$

式中,I_{INV} 为变频器额定输出电流;I_{MN} 为电动机额定电流;I_{max} 为电动机最大电流。

(2) 短时加减速运行　电动机的输出转矩由变频器的最大输出电流决定。通常情况下,在短时间加减速运行时,变频器允许电流输出能达到额定电流的 130%~150%(视变频器容量而定),而电动机的输出转矩是由变频器的最大输出电流决定的。因此,短时间内加减速时转矩也会增大,如果只需要较小的加减速转矩,可以降低变频器额定电流。由于电流脉动的原因,这种情况下应先将变频器的最大输出电流降低 10% 再进行选定。

(3) 频繁加减速运行　频繁加减速运行情况的变频器容量选择:根据加速、恒速、减速等运行状态确定变频器的额定输出电流 I_{INV},然后按下式进行计算:

$$I_{INV} = [(I_1 t_1 + I_2 t_2 + \cdots + I_N t_N)/(t_1 + t_2 + \cdots + t_N)] K_0$$

式中,I_1,I_2,$\cdots$,I_N 为各运行状态下的平均电流;t_1,t_2,$\cdots$,t_N 为各运行状态下的运行时间;K_0 为安全系数(通常情况下取 1.1,频繁运行时取 1.2)。

(4) 电动机工频直接起动　三相异步电动机工频直接起动时,其起动电流通常为额定电流的 5~7 倍,这种情况下变频器的额定电流为

$$I_{INV} \geq I_K / K_g$$

式中,I_K 为额定电压、额定频率下电动机起动时的堵转电流;K_g 为变频器允许的过载倍数,取值范围为 1.3~1.5。

(5) 多台电动机共用一台变频器　多台电动机共用一台变频器供电时,以上原则仍然适用,但还需考虑以下几个方面:

1) 电动机总功率相等的情况下,电动机组的效率与组内电动机的数量成反比,即电动机数量越多,电动机组效率越低,反之亦然。因此,其电流总值并不相等,可以根据电动机电流的总和来选择变频器。

2) 在进行软起动、软停止整定时,要由起动最慢的电动机来决定整定电流值。

3) 如果有部分电动机直接起动,变频器额定电流的计算公式为

$$I_{INV} \geq [N_2 I_K + (N_1 + N_2) I_N] / K_g$$

式中,N_1 为电动机总台数;N_2 为直接起动的电动机台数;I_K 为电动机直接起动时的堵转电流;I_N 为电动机额定电流;K_g 为变频器允许的过载倍数(1.3~1.5)。

多台电动机依次进行直接起动时,对最后起动的一台条件最不利。

(6) 选择变频器容量的注意事项

1) 并联追加起动。用一台变频器驱动多台电动机并联运行时,如果所有电动机同时起动,可以按照以上原则选择;但如果一部分电动机起动后再追加其他电动机起动,由于变频器的电压、频率已经上升,追加的电动机会产生较大的起动电流,变频器的容量比同时起动时要大一些。

2) 过载容量。变频器过载容量为 125%、60s 或 150%、60s,超过此数值时,必须增大变频器的容量。当为 200% 的过载容量时,必须按 $I_{INV} \geq$ (1.05~1.1)I_N 计算出额定输出电流,再乘 1.33 倍来选取变频器的容量。

3) 轻载电动机。当电动机的实际负载比其额定输出功率小时,可根据实际负载来选择变频器的容量。但对于通用变频器,即使负载小,使用比匹配电动机额定功率容量小的变频

器时效果不理想。

2. 额定输出电压

变频器的输出电压由电动机的额定电压决定,我国低压电动机额定电压一般为380V,可以选择400V系列的变频器。需要注意的是,变频器的工作电压是按U/f曲线变化的,规格表中给出的输出电压是变频器的可能最大输出电压,即基频下输出电压。

3. 输出频率

变频器的最大输出频率根据类型不同而有很大不同,有50Hz/60Hz、120Hz、240Hz,甚至更高。50Hz/60Hz的变频器,以额定速度下进行调速为目的,大容量的通用变频器一般都属于此类。最大输出频率超过工频的变频器多为小容量变频器。因此要根据变频器的使用目的来确定最大输出频率,从而选择变频器的类型。

由于变频器内部产生的热量大,除小容量变频器外通常采用开启式结构,借助风扇进行强制冷却,当变频器处于室外或环境恶劣时,最好采用具有冷却热交换装置的全封闭式结构;小容量变频器如果设置在粉尘、油雾多的环境中,也应采用全封闭式结构。

5.2 变频器的安装和控制柜的设计

5.2.1 变频器的安装环境

变频器安装的环境标准见表5-3,在不满足此条件的场所中使用会导致变频器性能降低、寿命缩短,甚至引起故障。

表5-3 变频器安装的环境标准

项目	内容
周围环境温度	-10~50℃(不结冰)
周围湿度	45%~90%RH(不凝露)
气体环境	无腐蚀性气体、可燃性气体、尘埃等
海拔	1000m以下
振动、加速度	振频10~55Hz,振幅1mm,加速度5.9m/s^2

1. 温度

变频器的允许周围环境温度范围是-10~50℃,超过此范围时,半导体、零件、电容器等的寿命会显著缩短。如条件不满足,可采取以下对策将变频器的周围环境温度控制在规定范围内:

1)高温对策:采用强制换气等冷却方式;将变频器控制柜安装在有空调的电气室内;避免阳光直射;设置遮盖板等避免直接的热源辐射热及暖风等;保证控制柜周围通风良好。

2)低温对策:在控制柜内安装加热器;不切断变频器的电源,只切断其起动信号。

3)剧烈的温度变化:选择没有剧烈温度变化的场所安装;避免安装在空调设备的出风口附近;受到门开关的影响时应远离门安装。

2. 湿度

变频器使用时周围湿度范围通常为 45%~90%。湿度过高,会发生绝缘性降低及金属腐蚀现象;湿度过低,会产生空间绝缘破坏。JEM1103"控制设备的绝缘装置"中所规定的绝缘距离是以 45%~85% 的湿度为前提的。

1)高湿度对策:将控制柜设计为密封结构,放入吸湿剂;将外部干燥空气吸入柜内;控制柜内安装加热器。

2)低湿度对策:将适当湿度的空气从外部压入控制柜内;在低湿度状态下进行组件单元的安装或检查时,应将人体的带电(静电)放电后再操作,且不可触摸元器件及导线等。

3)凝露对策:频繁起停会引起控制柜内温度急剧变化产生凝露,外部环境温度发生急剧变化等时也会产生凝露,进而造成绝缘降低或金属腐蚀等不良现象。可以采取高湿度对策或者不切断变频器的电源,只切断其起动信号。

3. 尘埃、油雾

尘埃会引起接触不良,积尘吸湿后会引起绝缘性降低、冷却效果下降,过滤网孔堵塞会引起控制柜内温度上升等。另外,在有导电性粉末漂浮的环境中,会在短时间内产生误动作、绝缘劣化或短路等故障。有油雾的情况下也会发生同样的状况,因此有必要采取以下对策:变频器安装在密封结构的控制柜内使用,控制柜内温度上升时采取相应措施;空气清洗,即从外部将洁净空气压入控制柜内,以保持控制柜内的压力比外部气压大。

4. 腐蚀性气体、盐害

变频器安装在有腐蚀性气体的场所或海岸附近易受盐害影响的场所使用时,会导致印制电路板的电路图案及零部件腐蚀、继电器开关部位的接触不良等。在此类场所使用时,可采用"3. 尘埃、油雾"中的对策。

5. 易燃易爆性气体

变频器为非防爆结构设计,必须安装在防爆结构的控制柜内使用,若在可能会由于爆炸性气体、粉尘引起爆炸的场所中使用时,必须使用结构符合相关规定并检验合格的控制柜。这样,控制柜的价格会非常高,因此,最好避免安装在以上场所。

6. 海拔

随着海拔的升高,空气会变得稀薄,从而引起冷却效果降低以及气压下降,导致绝缘强度发生劣化,因此变频器要在海拔 1000m 以下的地区使用。

7. 振动、加速度

变频器在振频 10~55Hz、振幅 1mm、加速度 $5.9m/s^2$ 以下时使用。即使振动及加速度在规定值以下,如果承受时间过长,也会引起机构部位松动、连接器接触不良等问题。特别是反复施加冲击时比较容易产生零件安装脚的折断等故障，应加以注意。

对策：在控制柜内安装防振橡胶；强化控制柜的结构避免产生共振；安装时远离振动源。

5.2.2 变频器控制柜的设计

安装变频器的控制柜应保证能良好地散出变频器及其他装置（变压器、灯、电阻等）发出的热量和隔离阳光直射等外部热量，从而将控制柜内的温度维持在变频器及柜内所有装置的允许温度范围内。

变频器冷却方式有以下几种：

1）柜面自然散热的冷却方式（全封闭型）。
2）通过散热片冷却的方式（铝片等）。
3）换气冷却（强制通风式、管通风式）。
4）通过热交换器或冷却器进行冷却（热管、冷却器等）。

不同冷却方式下的控制柜结构见表5-4。

表5-4 控制柜结构

冷却方式		控制柜结构	注释
自然冷却	自然换气（封闭、开放式）	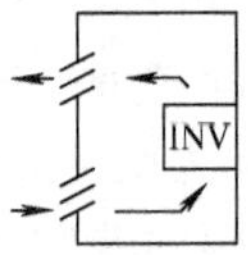	成本低，应用广泛；变频器容量变大时控制柜的尺寸也要变大；适用于小容量变频器
	自然换气（全封闭式）		全封闭式结构，适合在有尘埃、油雾等的恶劣环境中使用；根据变频器的容量，控制柜的尺寸可能需要加大
强制冷却	散热片冷却	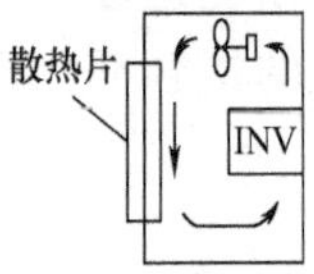	散热片的安装部位和面积均受限制，适用于小容量变频器
	强制换气	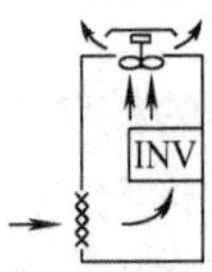	一般在室内安装时使用，可以实现控制柜的小型化和低成本化，因此被广泛采用
	热管	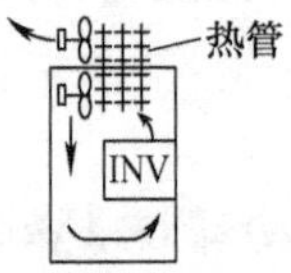	全封闭式结构，可以实现控制柜的小型化

5.2.3 变频器的安装方式

变频器的安装方式及注意事项如下：

1. 变频器的安装方向

为便于通风、利于散热，变频器应垂直安装，不可倒置或水平安装。

2. 变频器的安装空间

为了散热及维护方便，变频器与其他装置及控制柜壁间应留有一定距离，变频器上部作为散热空间，下部作为接线空间，安装空间示意图如图 5-2 所示。

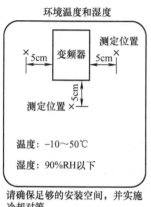

图 5-2　变频器安装空间示意图

3. 变频器上部器件

内置在变频器单元中的小型风扇会使变频器内部的热量从下往上升，因此如果要在变频器上部配置器件，应确保该器件即使受热影响也不会发生故障。

4. 多台变频器的安装

在同一个控制柜内安装多台变频器时，通常按图 5-3a 所示进行横向摆放。当控制柜内空间较小而不得不进行纵向摆放时，由于下部变频器的热量会引起上部变频器的温度上升，从而导致变频器故障，所以应采取安装防护板等对策，如图 5-3b 所示。另外，在同一个控制柜内安装多台变频器时，应注意换气、通风或者将控制柜的尺寸做得大一点，以保证变频器周围的温度不会超过允许值范围。

5.2.4　变频器的使用注意事项

FR-D700 变频器虽然是高可靠性产品，但周边电路的连接方法错误以及运行、使用方法不当也会导致产品寿命缩短或损坏。运行前请务必重新确认以下注意事项：

1) 电源及电动机接线的压接端子推荐使用带绝缘套管的端子。
2) 电源一定不能接到变频器输出端子（U、V、W）上，否则将损坏变频器。
3) 接线时请勿在变频器内留下电线切屑。电线切屑可能会导致异常、故障、误动作的

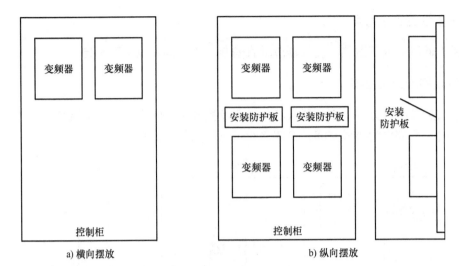

图 5-3 多台变频器安装示意图

发生。保持变频器的清洁，在控制柜等上钻安装孔时请勿使切屑粉掉进变频器内。

4）为使电压降在 2% 以内，应用适当规格的电线进行接线。变频器和电动机间的接线距离较长时（特别是低频率输出时），会由于主电路电缆的电压降而导致电动机的转矩下降。

5）接线总长不要超过 500m。尤其是长距离接线时，由于接线寄生电容所产生的充电电流会引起高响应电流限制功能下降，变频器输出侧连接的设备可能会发生误动作或异常，所以务必注意总接线长度。

6）电磁波干扰。变频器输入/输出（主电路）包含有谐波成分，可能干扰变频器附近的通信设备（如 AM 收音机）。这种情况下安装无线电噪声滤波器 FR - BIF（输入侧专用）、线噪声滤波器 FR - BSF01、FR - BLF 等选件，可以将干扰降低。

7）在变频器的输出侧请勿安装移相用电容器或浪涌吸收器、无线电噪声滤波器等。否则将导致变频器故障、电容器和浪涌抑制器的损坏。如上述任何一种设备已安装，请立即拆掉。以单相电源规格使用无线电噪声滤波器（FR - BIF）时，请对 T 相进行绝缘后再连接到变频器输入侧。

8）运行后若要进行接线变更等作业，请在切断电源 10min 后用测试仪测试电压后再进行。切断电源后一段时间内电容器仍然有高电压，非常危险。

9）变频器输出侧的短路或接地可能会导致变频器模块损坏。由于周边电路异常而引起的反复短路、接线不当、电动机绝缘电阻低下而实施的接地都可能造成变频器模块损坏，因此在运行变频器前请充分确认电路的绝缘电阻。在接通电源前请充分确认变频器输出侧的对地绝缘、相间绝缘。使用特别旧的电动机或者使用环境较差时，请务必切实进行电动机绝缘电阻的确认。

10）不要使用变频器输入侧的接触器起动/停止变频器。变频器的起动与停止请务必使用起动信号（STF、STR 信号的 ON、OFF）。

11）除外接再生制动用放电电阻器外，+、PR 端子不得连接其他设备。不能连接机械式制动器。0.1K、0.2K（变频器型号）不能连接制动电阻器。+、PR 端子间不得连接任何设备，也不能短路。

12) 变频器输入输出信号电路上不能施加超过允许电压以上的电压。如果向变频器输入输出信号电路施加了超过允许电压的电压，极性错误时输入输出元件便会损坏。特别要注意确认接线，确保不会出现速度设定用电位器连接错误、端子 10-5 之间短路的情况。

13) 在有工频供电与变频器切换的操作中，确保用于工频切换的接触器进行电气和机械互锁。除了误接线，在工频供电与变频器切换电路时，因切换时的电弧或顺控错误时造成的振荡等，会损坏变频器。

14) 需要防止停电后恢复通电时设备的再起动，请在变频器输入侧安装接触器，同时不要将顺控设定为起动信号 ON 的状态。若起动信号（起动开关）保持 ON 的状态，通电恢复后变频器将自动重新起动。

15) 过负载运行的注意事项：变频器反复运行、停止的频率过高时，因大电流反复流过，变频器的晶体管器件会反复升温、降温，从而可能会因热疲劳导致寿命缩短。热疲劳的程度受电流大小的影响，因此减小堵转电流及起动电流可以延长寿命。虽然减小电流可延长寿命，但由于电流不足可能引起转矩不足，从而导致无法起动的情况发生。因此，可采取增大变频器容量（提高 2 级左右），使电流保持一定宽裕的对策。

16) 请充分确认规格、额定值是否符合机器及系统的要求。

17) 通过模拟信号使电动机转速可变后使用时，为了防止变频器发出的噪声导致频率设定信号发生变动以及电动机转速不稳定等情况，请采取下列对策：

① 避免信号线和动力线（变频器输入输出线）平行接线和成束接线。
② 信号线尽量远离动力线（变频器输入输出线）。
③ 信号线使用屏蔽线。
④ 信号线上设置铁氧体磁心（例：ZCAT3035-1330 TDK 制）。

5.3 变频器的故障处理及检查维护

5.3.1 变频器的保护功能

变频器具有非常丰富的保护功能和异常故障显示功能，以保证变频器发生故障时能够及时做出处理，确保系统安全。

1. 变频器常见保护功能

1) 错误信息。显示有关操作面板或参数单元的操作错误或设定错误的信息，变频器并不切断输出。错误信息故障代码及处理方法见表 5-5。

2) 报警。操作面板显示有关故障信息时，虽然变频器并未切断输出，但如果不采取处理措施，便可能会引发重故障。报警故障代码及处理方法见表 5-6。

3) 轻故障。变频器并不切断输出，用参数设定也可以输出轻故障信号。轻故障信息故障代码及处理方法见表 5-7。

4) 重故障。保护功能动作，切断变频器输出，输出异常信号。重故障信息故障代码及处理方法见表 5-8。

表 5-5 错误信息故障代码及处理方法

故障代码	HOLD
名　称	操作面板锁定
内　容	设定为操作锁定模式，STOP/RESET 键以外的操作将无法进行
检查要点	—
处理方法	按 PU/EXT 键 2s 后操作面板锁定将解除
故障代码	LOCd
名　称	密码设定中
内　容	正在设定密码功能，不能显示或设定参数
检查要点	—
处理方法	在 Pr. 297 密码注册/解除中输入密码，解除密码功能后再进行操作
故障代码	Er1
名　称	禁止写入错误
内　容	1. Pr. 77 参数写入选择设定为禁止写入的情况下试图进行参数的设定时 2. 频率跳变的设定范围重复时 3. PU 和变频器不能正常通信时
检查要点	1. 确认 Pr. 77 参数写入选择的设定值 2. 确认 Pr. 31 ~ Pr. 36（频率跳变）的设定值 3. 确认 PU 与变频器的连接
故障代码	Er2
名　称	运行中写入错误
内　容	在 Pr. 77≠2（任何运行模式下无论运行状态如何，都可写入）时的运行中或在 STF（STR）为 ON 时的运行中进行了参数写入
检查要点	1. 确认 Pr. 77 的设定值 2. 是否运行中
处理方法	1. 设置 Pr. 77 = 2 2. 在停止运行后进行参数的设定
故障代码	Er3
名　称	校正错误
内　容	模拟输入的偏置、增益的校正值过于接近时
检查要点	确认参数 C3、C4、C6、C7（校正功能）的设定值
故障代码	Er4
名　称	模式指定错误
内　容	在 Pr. 77≠2 且在外部、网络运行模式下试图进行参数设定时
检查要点	1. 确认运行模式是否为 PU 运行模式 2. 确认 Pr. 77 的设定值
处理方法	1. 把运行模式切换为 PU 运行模式后再进行参数设定 2. 设置 Pr. 77 = 2 后再进行参数设定

(续)

故障代码	Err.
名　称	变频器复位中
内　容	在 Pr.77≠2 且在外部、网络运行模式下试图进行参数设定时
检查要点	1. 是否是通过 RES 信号、通信以及 PU 发出复位指令时出现故障代码 2. 关闭电源后是否也显示
处理方法	请将复位信号置为 OFF

表 5-6　报警故障代码及处理方法

故障代码		OL
名　称		失速防止（过电流）
内　容	加速时	变频器的输出电流超出了失速防止动作水平（Pr.22 失速防止动作水平）时，将停止频率上升直至过载电流减小，从而避免变频器因过电流而切断输出；未达到失速防止动作水平时，使频率再次上升
	恒速运行时	变频器的输出电流超出了失速防止动作水平（Pr.22 失速防止动作水平）时，降低频率直至过载电流减小，从而避免变频器因过电流而切断输出；未达到失速防止动作水平时，重新恢复到设定频率
	减速时	变频器的输出电流超出了失速防止动作水平（Pr.22 失速防止动作水平）时，将停止频率下降直至过载电流减小，从而避免变频器因过电流而切断输出；未达到失速防止动作水平时，使频率再次下降
检查要点		1. Pr.0 转矩提升设定值是否过大 2. Pr.7 加速时间、Pr.8 减速时间是否过短 3. 负载是否过重 4. 外围设备是否正常 5. Pr.13 起动频率是否过大 6. Pr.22 失速防止动作水平的设定值是否合适
处理方法		1. 以 1% 为单位逐步降低 Pr.0 转矩提升值，并不时确认电动机的状态 2. 延长 Pr.7 加速时间、Pr.8 减速时间 3. 减轻负载 4. 尝试采取通用磁通矢量控制方式 5. 尝试变更 Pr.14 适用负载选择的设定 6. 可以用 Pr.22 失速防止动作水平设定失速防止动作电流（初始值为 150%）；可以改变加减速时间；请用 Pr.22 失速防止动作水平提高失速防止动作水平，或者用 Pr.156 失速防止动作选择使失速防止不动作。此外，也可以用 Pr.156 设定 OL 动作时的继续运行
故障代码		oL
名　称		失速防止（过电压）
内　容	减速运行时	1. 电动机的再生能量过大，超过再生能量的消耗能力时，将停止频率下降从而避免变频器出现过电压切断；待到再生能量减小后继续减速 2. 选择再生回避功能的情况下（Pr.882 = 1），电动机的再生能量过大时提高转速，从而避免过电压引起的电源切断

(续)

检查要点	1. 是否急减速运行 2. 是否使用了再生回避功能（Pr. 882、Pr. 883、Pr. 885、Pr. 886）
处理方法	可以改变减速时间，请通过 Pr. 8 减速时间来延长减速时间
故障代码	PS
名　称	PU 停止
内　容	在 Pr. 75 复位选择/PU 脱离检测/PU 停止选择状态下用 PU 的 (STOP/RESET) 键设定停止
检查要点	是否按下操作面板的 (STOP/RESET) 键使 PU 停止
处理方法	将起动信号置为 OFF，用 (PU/EXT) 键即可解除
故障代码	RB
名　称	再生制动预报警
内　容	再生制动器使用率在 Pr. 70 特殊再生制动使用率设定值的 85% 以上时显示。Pr. 70 特殊再生制动使用率设为初始值（Pr. 70 = 0）时，该保护功能无效。再生制动器使用率达到 100% 时，会引起再生过电压（E. OV_）。在显示 [RB] 的同时可以输出 RBP 信号。关于 RBP 信号输出所使用的端子，请通过将 Pr. 190 ~ Pr. 196（输出端子功能选择）中的任意一个设定为"7（正逻辑）或 107（负逻辑）"，进行端子功能的分配
检查要点	1. 制动电阻的使用率是否过高 2. Pr. 30 再生制动功能选择、Pr. 70 特殊再生制动使用率的设定值是否正确
处理方法	1. 延长减速时间 2. 确认 Pr. 30 再生制动功能选择、Pr. 70 特殊再生制动使用率的设定值
故障代码	TH
名　称	电子过电流保护预报警
内　容	电子过电流保护的累计值达到 Pr. 9 电子过电流保护设定值的 85% 以上时显示。若达到 Pr. 9 电子过电流保护设定值的 100% 时，电动机将因过载而切断（E. THM）。在显示 [TH] 的同时可以输出 THP 信号。关于 THP 信号输出所使用的端子，请通过将 Pr. 190 ~ Pr. 192（输出端子功能选择）中的任意一个设定为"8（正逻辑）或 108（负逻辑）"，进行端子功能的分配
检查要点	1. 负载是否过大，加速运行是否过急 2. Pr. 9 电子过电流保护的设定值是否合理
处理方法	1. 减轻负载，降低运行频度 2. 正确设置 Pr. 9 电子过电流保护的设定值
故障代码	MT
名　称	维护信号输出
内　容	提醒变频器的累计通电时间经已达到一定限度。Pr. 504 维护定时器报警输出时间设为初始值（Pr. 504 = 9999）时，该保护功能无效
检查要点	Pr. 503 维护定时器的值是否比 Pr. 504 维护定时器报警输出时间设定的值大
处理方法	Pr. 503 维护定时器中写入 0 即可消除该信号

(续)

故障代码	UV
名 称	电压不足
内 容	若变频器的电源电压下降，控制电路将无法发挥正常功能。另外，还将导致电动机的转矩不足或发热量增大。因此，当电源电压下降到约 AC115V（400V 级约为 AC230V 以下）时，停止变频器输出，显示 UV。当电压恢复正常后警报便可解除
检查要点	电源电压是否正常
处理方法	检查电源等电源系统设备

表 5-7 轻故障信息故障代码及处理方法

故障代码	FN
名 称	风扇故障
内 容	使用装有冷却风扇的变频器时，冷却风扇因故障而停止或者转速下降、又或者执行了与 Pr. 244 冷却风扇动作选择设定不同的动作时，操作面板将显示 FN
检查要点	冷却风扇是否异常
处理方法	可能是风扇故障，请与经销商或厂家联系

表 5-8 重故障信息故障代码及处理方法

故障代码	E. OC1
名 称	加速时过电流切断
内 容	加速运行中，当变频器输出电流超过额定电流的 200% 以上时，保护电路动作，停止变频器输出
检查要点	1. 是否为急加速运行 2. 用于升降的下降加速时间是否过长 3. 是否存在输出短路、接地现象 4. 失速防止动作是否合适 5. 再生频度是否过高（再生时输出电压是否比 U/f 标准值大，是否因电动机电流增加而产生过电流）
处理方法	1. 延长加速时间（缩短用于升降的下降加速时间） 2. 起动时 "E. OC1" 总是点亮的情况下，请尝试脱开电动机起动。如果 "E. OC1" 仍点亮，请与经销商或厂家联系 3. 确认接线正常，确保无输出短路及接地发生 4. 将失速防止动作设定为合适的值 5. 请在 Pr. 19 基准频率电压中设定基准电压（电动机的额定电压等）
故障代码	E. OC2
名 称	恒速时过电流切断
内 容	恒速运行中，当变频器输出电流超过额定电流的 200% 以上时，保护电路动作，停止变频器输出

（续）

检查要点	1. 负载是否发生急剧变化 2. 是否存在输出短路、接地现象 3. 失速防止动作是否合适
处理方法	1. 消除负载急剧变化的情况 2. 确认接线正常，确保无输出短路及接地发生 3. 将失速防止动作设定为合适的值
故障代码	E. OC3
名　称	减速时过电流切断
内　容	减速中（加速中、恒速中以外），当变频器输出电流超过额定电流的200%以上时，保护电路动作，停止变频器输出
检查要点	1. 是否急减速运行 2. 是否存在输出短路、接地现象 3. 电动机的机械制动动作是否过早 4. 失速防止动作是否合适
处理方法	1. 延长减速时间 2. 确认接线正常，确保无输出短路及接地发生 3. 检查机械制动动作 4. 将失速防止动作设定为合适的值
故障代码	E. OV1
名　称	加速时再生过电压切断
内　容	当再生能量使变频器内部的主电路直流电压超过规定值时，保护电路动作，停止变频器输出；电源系统里发生的浪涌电压也可能引起该动作
检查要点	1. 加速度是否太缓慢（在升降负载的情况下，下降加速时等） 2. Pr. 22 失速防止动作水平是否设定得低于无负载电流
处理方法	1. 缩短加速时间；使用再生回避功能（Pr. 882、Pr. 883、Pr. 885、Pr. 886） 2. 把 Pr. 22 失速防止动作水平设定得高于无负载电流
故障代码	E. OV2
名　称	恒速时再生过电压切断
内　容	当再生能量使变频器内部的主电路直流电压超过规定值时，保护电路动作，停止变频器输出；电源系统里发生的浪涌电压也可能引起该动作
检查要点	1. 负载是否发生急剧变化 2. Pr. 22 失速防止动作水平是否设定得低于无负载电流
处理方法	1. 消除负载急剧变化的情况；使用再生回避功能（Pr. 882、Pr. 883、Pr. 885、Pr. 886），必要时请使用制动电阻器、制动单元或共直流母线变流器（FR - CV） 2. 把 Pr. 22 失速防止动作水平设定得高于无负载电流

(续)

故障代码	E. OV3
名　称	减速、停止时再生过电压切断
内　容	当再生能量使变频器内部的主电路直流电压超过规定值时，保护电路动作，停止变频器输出；电源系统里发生的浪涌电压也可能引起该动作
检查要点	是否急减速运转
处理方法	1. 延长减速时间（使减速时间符合负载的转动惯量） 2. 减少制动频度 3. 使用再生回避功能（Pr. 882、Pr. 883、Pr. 885、Pr. 886） 4. 必要时请使用制动电阻器、制动单元或共直流母线变流器（FR-CV）
故障代码	E. THT
名　称	变频器过载切断（电子过电流保护）
内　容	电路中流过的电流超过了变频器额定电流但又不至于造成过电流切断（200%以下）时，输出晶体管的温度超过保护水平，就会停止变频器的输出（过载耐量150%/60s、200%/0.5s）
检查要点	1. 加减速时间是否过短 2. 转矩提升的设定值是否过大（过小） 3. 适用负载选择的设定是否与设备的负载特性相符 4. 电动机是否在过载状态下使用 5. 环境温度是否过高
处理方法	1. 延长加减速时间 2. 调整转矩提升的设定值 3. 根据设备的负载特性进行适用负载选择的设定 4. 减轻负载 5. 将环境温度控制在规格范围内
故障代码	E. THM
名　称	电动机过载切断（电子过电流保护）
内　容	变频器内的电子过电流保护器在过载或恒速运转过程中检测到因冷却能力下降而造成的电动机过热，达到Pr. 9电子过电流保护设定值的85%时，处于预警报（TH显示）状态，达到规定值的话，保护电路动作，停止变频器的输出。运行多极电动机等特殊电动机或多台电动机时，电子过电流保护不能保护电动机，请在变频器输出侧安装热敏继电器
检查要点	1. 电动机是否在过载状态下使用 2. 电动机选择参数Pr. 71适用电动机的设定是否正确 3. 失速防止动作的设定是否合理
处理方法	1. 减轻负载 2. 恒转矩负载时把Pr. 71适用电动机设定为恒转矩电动机 3. 正确设定失速防止动作
故障代码	E. FIN
名　称	散热片过热
内　容	如果冷却散热片过热，温度传感器动作，停止变频器输出。达到散热片过热保护动作温度的85%时，可以输出FIN信号。关于FIN信号输出所使用的端子，请通过将Pr. 190、Pr. 192（输出端子功能选择）中的任意一个设定为"26（正逻辑）或126（负逻辑）"，进行端子功能的分配

(续)

检查要点	1. 周围温度是否过高 2. 冷却散热片是否堵塞 3. 冷却风扇是否已停止（操作面板是否显示 FN）
处理方法	1. 将周围温度调节到规定范围内 2. 进行冷却散热片的清扫 3. 更换冷却风扇
故障代码	E. ILF
名　称	输入缺相（仅三相电源输入规格品有此功能）
内　容	在 Pr. 872 输入缺相保护选择里设定为功能有效（Pr. 872 = 1）且三相电源输入中有一相缺相时停止输出。当三相电源输入的相间电压不平衡过大时，可能会动作
检查要点	1. 三相电源的输入用电缆是否断线 2. 三相电源输入的相间电压不平衡是否过大
处理方法	1. 正确接线 2. 对断线部位进行修复 3. 确认 Pr. 872 输入缺相保护选择的设定值 4. 三相输入电压不平衡较大时，设定 Pr. 872 = 0（无输入缺相保护）
故障代码	E. OLT
名　称	失速防止
内　容	因失速防止动作使得输出频率降低到 1Hz 时，经过 3s 后将显示报警（E. OLT），并停止变频器的输出。失速防止动作中为 OL
检查要点	电动机是否在过载状态下使用
处理方法	减轻负载（确认 Pr. 22 失速防止动作水平的设定值）
故障代码	E. BE
名　称	制动晶体管异常检测
内　容	在电动机的再生能量明显增大等情况下时，若发生制动晶体管异常，将检测到制动晶体管异常，并停止变频器的输出。此时，请务必迅速切断变频器的电源
检查要点	1. 将负载惯性是否过大 2. 制动的使用频率是否合适
处理方法	请更换变频器
故障代码	E. GF
名　称	起动时输出侧接地过电流
内　容	在起动时，当变频器的输出侧（负载侧）发生接地使接地过电流时，停止变频器输出。通过 Pr. 249 起动时接地检测的有无设定有无保护功能
检查要点	电动机、连接线是否接地
处理方法	排除接地的地方

(续)

故障代码	E. LF
名　称	输出缺相
内　容	变频器输出侧（负载侧）的三相（U、V、W）中有一相缺相时，将停止变频器输出。通过 Pr. 251 输出缺相保护选择设定有无保护功能
检查要点	1. 确认接线是否正确（电动机是否正常） 2. 是否使用了比变频器容量小的电动机
处理方法	1. 正确接线 2. 确认 Pr. 251 输出缺相保护选择的设定值
故障代码	E. OHT
名　称	外部热继电器动作
内　容	为防止电动机过热，安装在外部的热敏继电器或电动机内部安装的温度继电器动作（接点打开）时，停止变频器输出。Pr. 178 ~ Pr. 182（输入端子功能选择）中的任意一个设定为 7（OH 信号）时，该保护功能有效。初始状态（无 OH 信号分配）下该保护功能无效
检查要点	1. 电动机是否过热 2. 是否将 Pr. 178 ~ Pr. 182（输入端子功能选择）中的任意一个正确设定为 7（OH 信号）
处理方法	1. 降低负载和运行频率 2. 即使继电器接点自动复位，只要变频器不复位，变频器就不会再起动
故障代码	E. PTC
名　称	PTC 热敏电阻动作
内　容	端子 2-10 间连接的 PTC 热敏电阻的电阻值超过 Pr. 561 PTC 热敏电阻保护水平时，将停止变频器的输出。Pr. 561 的设定为初始值（Pr. 561 = 9999）时，该保护功能无效
检查要点	1. 确认与 PTC 热敏电阻的连接 2. 确认 Pr. 561 PTC 热敏电阻保护水平的设定值 3. 电动机是否在过载状态下运行
处理方法	减轻负载
故障代码	E. PE
名　称	参数存储元件异常（控制电路板）
内　容	存储的参数发生异常（EEPROM 故障）
检查要点	参数写入次数是否过多
处理方法	请与经销商或厂家联系。用通信方法频繁进行参数写入时，请把 Pr. 342 设定为 1（RAM 写入）。但因为是 RAM 写入方式，所以一旦切断电源，就会恢复到 RAM 写入以前的状态
故障代码	E. PUE
名　称	PU 脱离
内　容	1. 当 Pr. 75 复位选择/PU 脱离检测/PU 停止选择的设定值设为 2、3、16 或 17 时，如果取下参数单元（FR - PU04 - CH/FR - PU07），本体与 PU 的通信中断，变频器则停止输出 2. 通过 PU 接口进行 RS - 485 通信时，若 Pr. 121 PU 通信再试次数 ≠ 9999，且连续通信错误发生次数超过允许再试次数，变频器则停止输出 3. 通过 PU 接口进行 RS - 485 通信时，在 Pr. 122 PU 通信校验时间间隔中设定的时间内，通信中途切断时变频器也将停止输出

（续）

检查要点	1. 参数单元电缆连接是否良好 2. 确认 Pr. 75 的设定值 3. RS-485 通信数据是否正确，通信相关参数的设定和计算机的通信设定是否一致 4. 是否在 Pr. 122 PU 通信校验时间间隔中设定的时间内从计算机发送数据
处理方法	1. 接好参数单元电缆 2. 确认通信数据和通信设定 3. 增大 Pr. 122 PU 通信校验时间间隔的设定值，或者设定为 9999（无通信校验）
故障代码	E. RET
名　称	再试次数溢出
内　容	如果在设定的再试次数内不能恢复正常运行，变频器则停止输出。当 Pr. 67 报警发生时再试次数有设定时，该保护功能有效。设定为初始值（Pr. 67 = 0）时则无效
检查要点	调查异常发生的原因
处理方法	处理当前显示错误的前一个错误
故障代码	E. CPU
名　称	CPU 错误
内　容	内置 CPU 发生通信异常时，变频器停止输出
检查要点	变频器周围是否有大噪声干扰设备
处理方法	变频器周围有大噪声干扰设备时，采取抗噪声干扰措施。或与经销商或厂家联系
故障代码	E. CDO
名　称	超过输出电流检测值
内　容	输出电流超过了 Pr. 150 输出电流检测水平中设定的值时起动
处理方法	确认 Pr. 150 输出电流检测水平、Pr. 151 输出电流检测信号迟延时间、Pr. 166 输出电流检测信号保持时间、Pr. 167 输出电流检测动作选择的设定值
故障代码	E. IOH
名　称	浪涌电流抑制电路异常
内　容	浪涌电流抑制电路的电阻过热时，变频器停止输出。浪涌电流抑制电路的故障
检查要点	是否反复进行了电源的 ON/OFF 操作
处理方法	请重新组织电路，避免频繁进行 ON/OFF 操作。如采取了以上对策仍未改善，请与经销商或厂家联系
故障代码	E. AIE
名　称	模拟输入异常
内　容	端子 4 设定为电流输入，当输入 30mA 及以上的电流或有电压输入（7.5V 及以上）时显示
检查要点	请确认 Pr. 267 端子 4 输入选择以及电压/电流输入切换开关的设定值
处理方法	电流输入指定为频率指令，或将 Pr. 267 端子 4 输入选择以及电压/电流输入切换开关设定为电压输入

注：1. 使用 FR-PU04-CH 时，如果 E. ILF、E. AIE、E. IOH、E. PTC、E. CDO 的保护功能发生了动作，将显示"Fault. 14"。另外，通过 FR-PU04-CH 确认报警历史记录时的显示为"Fault. 14"。

2. 如果出现了上述以外的显示，请与经销商或厂家联系。

2. 保护功能的复位方法

执行下列操作中的任意一项均可复位变频器。注意，复位变频器时，电子过电流保护器内部的热累计值和再试次数将被清零，复位所需时间约为 1s。

操作方法一：通过操作面板，按 (STOP/RESET) 键复位变频器（只在变频器保护功能重故障动作时才可操作）。

操作方法二： 断开（OFF）电源，再恢复通电。

操作方法三： 接通复位信号（RES）0.1s 以上（RES 信号保持 ON 时，显示"Err"闪烁，指示正处于复位状态）。

5.3.2 变频器其他故障的处理

变频器常见的故障类型主要有过电流、过电压、欠电压、短路、接地、电源缺相、过热、过载、CPU 异常、通信异常等。变频器有比较完善的自我诊断、保护及报警功能，发生这些故障时，变频器会自动停机或立即报警，显示故障代码，一般情况下可以根据故障代码找到故障原因并进行排除。不过，除此之外，变频器还有一部分故障，面板不显示也不报警，需要根据工作人员的经验进行排除，这类故障的现象及排除方法如下。

1. 电动机不起动

1) U/f 控制时，确认 Pr.0 转矩提升的设定值。
2) 检查主电路：
① 使用的电源电压是否适当（是否显示在操作面板上）。
② 电动机是否正确连接。
③ P、P1 间的短路片是否脱落。
3) 检查输入信号：
① 起动信号是否输入。
② 正转和反转起动信号是否均被输入。
③ 频率指令是否为零（频率指令为零时输入起动指令，操作面板上 RUN 指示灯将闪烁）。
④ 当频率设定使用端子 4 时，检查 AU 信号是否接通。
⑤ 输出停止信号（MRS）或复位信号（RES）是否处于 ON 状态。
⑥ 漏型、源型的跨接器是否连接牢固。
⑦ S1 - SC 间、S2 - SC 间的短路用电线是否拆除。
4) 检查参数的设定：
① Pr.78 反转防止选择是否已设定。
② Pr.79 运行模式选择的设定是否正确。
③ 偏置、增益（校正参数 C2 ~ C7）的设定是否正确。
④ Pr.13 起动频率的设定值是否大于运行频率。
⑤ 各种运行频率（多段速运行等）的频率设定是否为零。

⑥ Pr. 1 上限频率是否为零。
⑦ 点动运行时，Pr. 15 点动频率的值是否比 Pr. 13 起动频率的值低。
⑧ Pr. 551 所选择的操作权是否恰当（如：参数单元连接时不可从操作面板写入）。
5）检查负载：
① 检查负载是否过重。
② 检查轴是否被锁定。
6）检查操作面板显示是否为错误内容。

2. 电动机发出异常声音

1）没有载波频率音（金属音），初始状态下利用 Pr. 72 PWM 频率选择设定可以进行 Soft – PWM 控制，将电动机音变为复合音色。改变电动机音时请调整 Pr. 72 PWM 频率选择。
2）确认有无机械晃动音。
3）咨询电动机的生产厂家。

3. 电动机异常发热

1）电动机风扇是否动作（是否有异物、灰尘堵塞）。
2）负载是否过重（请减轻负载）。
3）变频器输出电压（U、V、W）是否平衡。
4）Pr. 0 转矩提升的设定是否恰当。
5）是否设定了电动机的类别（请确认 Pr. 71 适用电动机的设定值）。

4. 电动机旋转方向相反

1）输出端子 U、V、W 的相序是否正确。
2）起动信号（正转、反转）连接是否正确。
3）Pr. 40 RUN 键旋转方向选择的设定是否恰当。

5. 电动机旋转速度与设定值相差过大

1）频率设定信号是否正确（测量输入信号水平）。
2）Pr. 1、Pr. 2、Pr. 19、Pr. 245、Pr. 125、Pr. 126、C2 ~ C7 的设定是否恰当。
3）输入信号线是否受到外部噪声的干扰（使用屏蔽电缆）。
4）负载是否过重。
5）Pr. 31 ~ Pr. 36（频率跳变）的设定是否恰当。

6. 加减速不平稳

1）加减速时间的设定值是否太短。
2）负载是否过重。
3）U/f 控制时，是否由于转矩提升（Pr. 0、Pr. 46）的设定值过大，使失速功能发生了动作。

7. 电动机电流过大

1）负载是否过重。
2）Pr. 0 转矩提升的设定是否恰当。
3）Pr. 3 基准频率的设定是否恰当。
4）Pr. 19 基准频率电压的设定是否恰当。
5）Pr. 14 适用负载选择的设定是否恰当。

8. 转速无法提升

1）Pr. 1 上限频率的设定值是否正确（如果要达到 120Hz 或以上的高速运行，需要设定 Pr. 18 高速上限频率）。
2）负载是否过重（搅拌器等在冬季时负载可能过重）。
3）U/f 控制时，是否由于转矩提升（Pr. 0、Pr. 46）的设定值过大，使失速功能发生了动作。
4）制动电阻器应接在 P/+-PR，检查其是否错误连接了端子 P/+-P1 或 P1-PR。

9. 运行时旋转速度波动

如果设定了转差补偿，输出频率将根据负载的变动在 0~2Hz 的范围发生变动，这是正常的动作，并非异常。除此之外的异常情况可以进行以下检查：

1）检查负载是否有变化。
2）检查输入信号：
① 频率设定信号是否有变化。
② 频率设定信号是否受到感应噪声的干扰（通过 Pr. 74 输入滤波时间常数在模拟量输入端子中加入滤波器）。
③ 连接晶体管输出单元等时，漏电流是否引起误动作。
3）其他检查：
① 实施通用磁通矢量控制时，相对于变频器容量、电动机容量，Pr. 80 电动机容量的设定是否正确。
② 实施通用磁通矢量控制时，接线长度是否超过了 30m。
③ 实施离线自动调谐。
④ 在 U/f 控制时，接线距离是否过长。
⑤ 在 U/f 控制时，变更 Pr. 19 基准频率电压的设定值（3% 左右）。

10. 运行模式的切换无法正常进行

1）外部输入信号，确认 STF 或 STR 信号应处于 OFF 的状态（STF 或 STR 信号为 ON 时，无法进行运行模式的切换）。
2）参数设定：
① 确认 Pr. 79 的设定值，Pr. 79 运行模式选择的设定值为 0（初始值）时，在输入电源

ON 时为外部运行模式，按下操作面板上的 $\boxed{\text{PU/EXT}}$ 键后切换为 PU 运行模式。其他的设定值（1~4、6、7）时将运行相应固定模式。

② Pr. 551 所选择的操作权是否恰当（例：参数单元连接时不可从操作面板写入）。

11. 操作面板不显示

1）确认接线、安装是否牢固。
2）确认端子 P-P1 间的短路片安装是否牢固。

12. 参数不能写入

1）是否在运行中（信号 STF、STR 处于 ON）。
2）是否在外部运行模式下进行的参数设定。
3）确认 Pr. 77 参数写入选择。
4）确认 Pr. 161 频率设定/键盘锁定操作选择。
5）确认 Pr. 551 所选择的操作权是否恰当。

5.3.3 变频器的检查与维护

变频器是以半导体器件为中心而构成的静止机器。为了防止由于温度、湿度、尘埃和振动等使用环境的影响、使用零件的劣化以及使用寿命等原因造成的故障，必须进行日常检查与维护。检查与维护时需要注意，断开电源后，变频器直流侧滤波电容储存了大量的电能，须在断开电源 10min 后，用万用表确认变频器主电路电压在 30V 以下时，方可开柜进行检查与维护。

1. 日常检查

一般来讲，在运行过程中应检查是否存在下述异常：
1）电动机是否按设定正常运行。
2）安装环境是否异常。
3）冷却系统是否异常。
4）是否有异常振动或异常声音。
5）是否出现异常过热或变色。
6）变频器的输入电压是否正常（运行中通常用万用表测定）。
7）检查变频器是否清洁（如不够清洁，请用柔软布料浸蘸中性洗涤剂或乙醇轻轻地擦去脏污）。

2. 定期检查

检查必须停机才能检查到的地方以及要求定期检查的地方。
1）冷却系统是否异常（如存在异常，请清扫空气过滤器等）。
2）紧固部位的检查和加固（由于振动、温度变化等因素，螺钉和螺栓等部位很容易松动，请检查它们是否拧紧，并且必要时须加固。另外，拧紧时请按照规定的紧固转矩进行）。

3）导体和绝缘物质是否有腐蚀或损坏。

4）用绝缘电阻表测定绝缘电阻。

5）检查或更换冷却风扇、继电器。

日常检查和定期检查的项目及方法见表5-9。

表5-9 日常检查和定期检查的项目及方法

检查位置	检查项目	检查事项	日常	定期 1年	定期 2年	检查方法	判定标准	使用工具
全部	周围环境	周围温度、湿度、灰尘污垢等	√			视觉和听觉	温度：-10~50℃（不结冰）湿度：90%或以下（不凝露）	温度计、湿度计、记录仪
全部	全部装置	是否有不正常的振动和噪声	√			视觉和听觉	没有异常	
全部	电源电压	主电路电压是否正常	√			测量变频器主电路端子间的电压	在允许电压波动范围以内	万用表、数字多用仪表
主电路	全部	1. 用绝缘电阻表检查主电路端子和接地端子的电阻 2. 螺钉是否松动 3. 元器件是否过热 4. 是否清洁		√ √ √ √		1. 将变频器端子L、U、V、W短路，测量与接地端子间的电阻 2. 检查紧固件 3. 视觉检查	1. 5MΩ以上 2. 无异常 3. 无异常	500V 绝缘电阻表
主电路	连接导体电缆	1. 导体是否歪斜 2. 导线外侧是否破损		√ √		视觉检查	无异常	
主电路	端子排	是否损伤		√		视觉检查	无异常	
主电路	逆变整流模块	检查端子间电阻		√		变频器端子L与P、N以及U、V、W与P、N间用万用表R×100Ω档测量		指针式万用表
主电路	继电器	1. 检查运行时是否有"咔哒"声 2. 检查触点表面是否粗糙		√ √		听觉和视觉检查	无异常	
主电路	电阻	1. 检查电阻绝缘是否有裂痕 2. 是否有断线		√ √		1. 视觉检查水泥电阻、绕线电阻绝缘 2. 拆下连接的一侧，用万用表测量	1. 无异常 2. 偏差在标称阻值±10%以内	万用表、数字多用仪表

(续)

检查位置	检查项目	检查事项	检查周期			检查方法	判定标准	使用工具
			日常	定期 1年	定期 2年			
控制电路保护电路	动作检查	1. 变频器单独运行时,各相输出电压是否平衡 2. 进行顺序保护动作试验,检查保护电路是否异常		√ √		1. 测量变频器输出侧端子U、V、W间的电压 2. 模拟地将变频器的保护回路输出短路或断开	1. 相间电压平衡400V在8V以内 2. 程序上应有异常动作	数字多用仪表、整流型电压表
冷却系统	冷却风扇	1. 是否有异常振动和噪声 2. 连接部件是否有松动	√	√		1. 不通电时,用手拨动旋转 2. 检查固定	没有异常振动和噪声	
显示	显示	1. LED的显示是否有断点 2. 是否清洁	√	√		1. 盘面上的指示灯 2. 视觉检查（碎棉纱清扫）	确认能发光	
	仪表	读出值是否正常	√			确认盘面指示仪表的值	满足规定值和管理值	电压表、电流表
电机	常规	1. 是否有异常振动和噪声 2. 是否有异味	√ √			1. 听觉、感觉及视觉检查 2. 嗅觉检查（因过热、损伤产生气味）	无异常	
	绝缘电阻	用绝缘电阻表检查所有端子和接地端子之间的绝缘电阻			√	拆下U、V、W的连接线,包括电动机接线	5MΩ以上	500V绝缘电阻表

3. 定期更换零件

变频器由半导体器件构成的电子零件组成,其部分零件由于构成或物理特性的原因,在一定的时期内会发生老化而降低变频器的性能,甚至引起故障。因此为了保障变频器正常工作,需要定期更换零件,见表5-10。

表5-10 需要定期更换的零件

零件名称	标准更换周期	说明
冷却风扇	2~3年	更换新品（检查后决定）
主电路平波电容器	10年	更换新品（检查后决定）
控制电路平波电容器	10年	更换新电路板（检查后决定）
继电器	—	检查后决定

本章小结

本章主要介绍了变频器的选择、安装及维护等方面基础知识。变频器的选择主要从电压、频率、使用目的、驱动电动机的容量和数量等方面来决定。变频器的正确安装是变频器正常发挥作用的基础，主要包括变频器安装环境的温度、湿度、海拔以及变频器安装的方向和空间等。变频器发生故障时，通常将检修重点放在主电路和微处理器后的接口电路，由于变频器有比较完善的自诊断功能、保护功能和报警功能，熟悉变频器的常见故障对变频器的正确使用和维修是很重要的。变频器的日常检查一般采用耳听、目测、触感和气味等方法；变频器的定期维护与保养内容有除尘、电路主要参数检测、外围电路和设施的检查等。

思考与练习

1. 变频器有哪些类型？
2. 常见的负载有哪几种类型？
3. 变频器的容量如何选择？
4. 简述变频器运行的环境条件。
5. 变频器有哪些常见保护功能？
6. 变频器日常检查和定期检查项目有哪些？

第6章 变频器在典型控制系统中的应用

变频调速技术是从20世纪80年代发展起来的，具有节约能源、便于操作、易于维护、控制精度高等优点，被广泛应用于各种控制系统，本章以五个典型控制系统为例，介绍变频器在工业上的应用。本章学习目标见表6-1。

表6-1 本章学习目标

序号	名称	学习目标
6.1	变频器在工业洗衣机中的应用	了解工业洗衣机的工作过程；掌握变频器控制的工业洗衣机设计和调试方法
6.2	变频器在小型货物升降机中的应用	了解小型货物升降机中应用变频器的意义；掌握变频器控制的小型货物升降机设计和调试方法
6.3	变频器在风机中的应用	掌握根据负载特性选择变频器类型及容量的方法；了解风机应用变频器的意义，掌握风机用变频器的选择、控制电路的设计和调试方法
6.4	变频器在恒压供水系统中的应用	掌握恒压供水系统应用变频器的意义及工作原理；掌握应用变频器设计恒压供水系统的方法
6.5	变频器在中央空调系统中的应用	了解中央空调系统应用变频器的意义；能够对变频器调速进行节能分析；掌握中央空调系统变频调速控制系统的设计和调试方法

6.1 变频器在工业洗衣机中的应用

问题提出：设计一台由PLC、变频器组合控制的工业洗衣机，洗衣机的结构示意图如图6-1所示，通过零水位检测ST_1和高水位检测ST_2来检测水位的高度位置，洗涤方式（强洗、弱洗）通过选择开关SA完成，用两只LED来指示当前的工作状态。

洗衣机进水、排水分别由进水阀和排水阀控制；洗涤正转、反转由电动机驱动波盘正转、反转实现；脱水时，排水电磁阀打开，脱水离合器合上，电动机正转；洗涤完成由蜂鸣器报警，其控制流程图如图6-2所示。要求用变频器驱动电动机，强洗时电动机频率为50Hz，弱洗时电动机频率为30Hz。

1. 输入输出分配

根据控制要求确定PLC的输入输出分配，见表6-2。

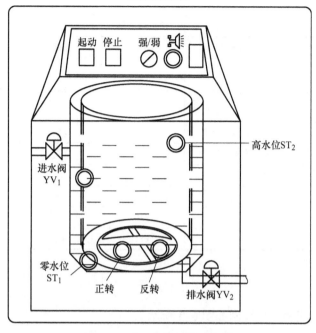

图 6-1　洗衣机的结构示意图

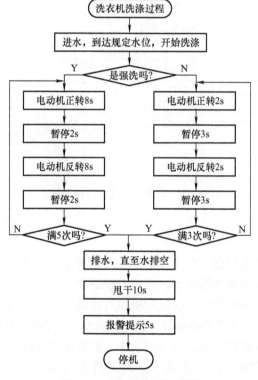

图 6-2　洗衣机控制流程图

表 6-2 输入输出分配表

输入			输出		
输入继电器	输入元件	作用	输出继电器	输出元件	作用
X0	SB_1	起动按钮	Y0	STF	正转端子
X1	SB_2	停止按钮	Y1	STR	反转端子
X2	SA_1	强洗选择	Y2	RH	高速端子（强洗频率）
X3	SA_2	弱洗选择	Y3	RM	中速端子（弱洗频率）
X4	ST_2	高水位检测	Y4	YV_1	进水阀
X5	ST_1	零水位检测	Y5	YV_2	排水阀
			Y6	LED_1	强洗指示灯
			Y7	LED_2	弱洗指示灯
			Y10	HA	蜂鸣器
			Y11	YC	脱水

2. 接线图

按照输入输出分配表，接线图如图 6-3 所示。

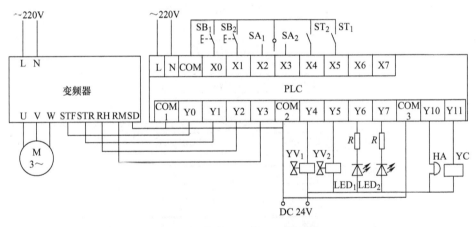

图 6-3 洗衣机控制电路接线图

3. 程序设计

由控制要求可知，洗衣机是一个具有选择分支的顺序控制系统，其顺序功能图如图 6-4 所示。按下起动按钮，洗衣机开始进水，当洗衣机进水完成后，即到达高水位，通过强洗或弱洗选择开关进入相应的选择分支，使洗衣机运行在强洗或弱洗状态，若洗涤次数不到，则重新返回 S21 或 S31，直到洗涤次数足够，进入排水状态，同时对计数器及强洗、弱洗指示灯进行复位，当到达零水位时，洗衣机开始脱水，即脱水离合器合上，同时电动机正转并继续排水，10s 后，起动报警蜂鸣器，延时 5s，整个流程结束。

用步进指令将顺序功能图转化成梯形图，如图 6-5 所示，该程序由 7 部分组成。

0~9 步是初始复位和停止电路。用停止按钮复位所有的工作步，在洗衣机运行过程中，

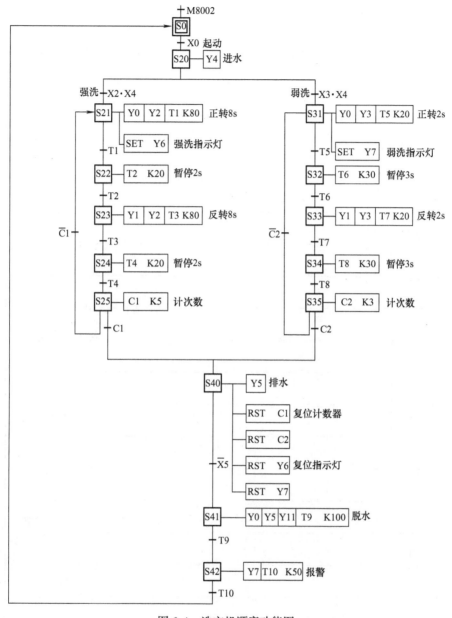

图 6-4 洗衣机顺序功能图

无论任何时刻按下停止按钮,洗衣机立即停止工作;用初始化脉冲 M8002 的常开触点接通置位初始步 S0,为系统的运行做好准备。

10~14 步是起动电路。用起动按钮的常开触点接通置位步 S20,驱动进水阀得电开始进水。

15~22 步是强洗、弱洗选择电路。当水位达到洗涤要求后,高水位检测开关闭合,根据选择强洗还是弱洗进入相应的分支,如选择强洗则接通 S21,如选择弱洗则接通 S31。

23~65 步是强洗选择分支电路。首先正转端子 STF、高速端子 RH 闭合,电动机以 50Hz 频率正转,计时 8s 后,暂停 2s,接着反转端子 STR 和高速端子 RH 闭合,电动机以

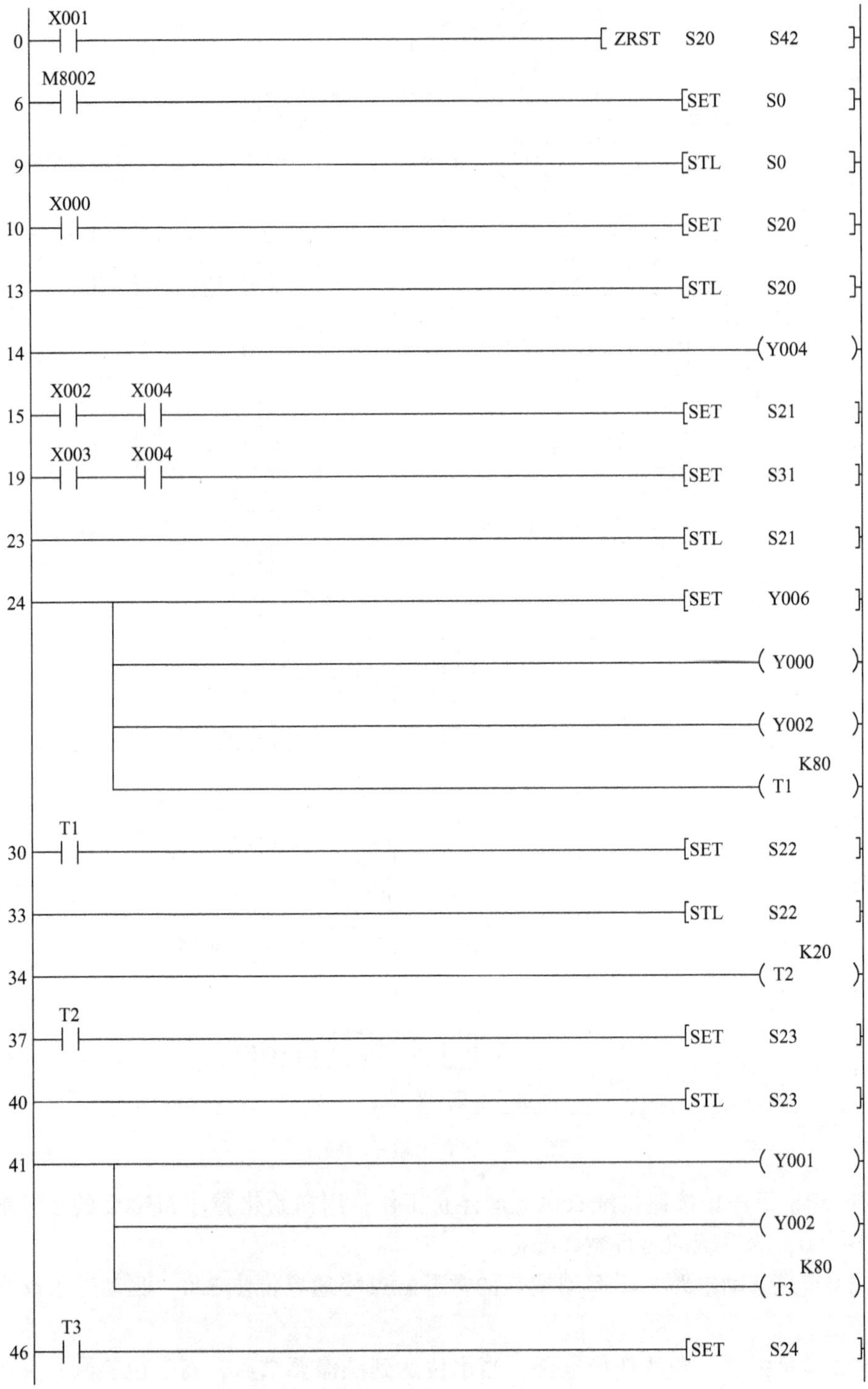

```
 0  ──X001──────────────────────────────[ ZRST  S20   S42 ]
 6  ──M8002─────────────────────────────────────[ SET  S0  ]
 9  ────────────────────────────────────────────[ STL  S0  ]
10  ──X000──────────────────────────────────────[ SET  S20 ]
13  ────────────────────────────────────────────[ STL  S20 ]
14  ──────────────────────────────────────────────( Y004 )
15  ──X002──X004────────────────────────────────[ SET  S21 ]
19  ──X003──X004────────────────────────────────[ SET  S31 ]
23  ────────────────────────────────────────────[ STL  S21 ]
24  ────────────────────────────────────────────[ SET  Y006]
                                                  ( Y000 )
                                                  ( Y002 )
                                                    K80
                                                  ( T1   )
30  ──T1────────────────────────────────────────[ SET  S22 ]
33  ────────────────────────────────────────────[ STL  S22 ]
                                                    K20
34  ──────────────────────────────────────────────( T2   )
37  ──T2────────────────────────────────────────[ SET  S23 ]
40  ────────────────────────────────────────────[ STL  S23 ]
41                                                ( Y001 )
                                                  ( Y002 )
                                                    K80
                                                  ( T3   )
46  ──T3────────────────────────────────────────[ SET  S24 ]
```

图 6-5 洗衣

```
 49 ─────────────────────────────────[STL   S24 ]
                                              K20
 50 ─────────────────────────────────(T4      )
      T4
 53 ──┤├─────────────────────────────[SET   S25 ]
 56 ─────────────────────────────────[STL   S25 ]
                                              K5
 57 ─────────────────────────────────(C1      )
      C1
 60 ──┤/├────────────────────────────(S21     )
      C1
 63 ──┤├─────────────────────────────[SET   S40 ]
 66 ─────────────────────────────────[STL   S31 ]
 67 ──┬──────────────────────────────[SET   Y007]
      ├──────────────────────────────(Y000    )
      ├──────────────────────────────(Y003    )
      │                                       K20
      └──────────────────────────────(T5       )
      T5
 73 ──┤├─────────────────────────────[SET   S32 ]
 76 ─────────────────────────────────[STL   S32 ]
                                              K30
 77 ─────────────────────────────────(T6       )
      T6
 80 ──┤├─────────────────────────────[SET   S33 ]
 83 ─────────────────────────────────[STL   S33 ]
 84 ──┬──────────────────────────────(Y001    )
      ├──────────────────────────────(Y003    )
      │                                       K20
      └──────────────────────────────(T7       )
      T7
 89 ──┤├─────────────────────────────[SET   S34 ]
 92 ─────────────────────────────────[STL   S34 ]
```

机梯形图

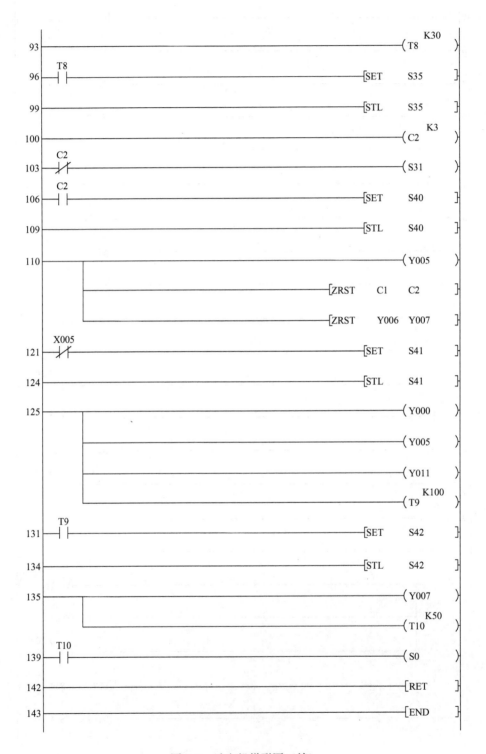

图 6-5 洗衣机梯形图（续）

50Hz 频率正转，计时 8s 后，暂停 2s，此时计数器 C1 开始计数，满 5 次后置位步 S40，进入分支汇合电路。

66~106 步是弱洗选择分支电路。其运行过程与强洗分支相同，只是电动机运行时中速端子 RM 接通，频率为 30Hz。

107~143 步是分支汇合后电路，包括排水、脱水、报警电路。选择分支结束后，进入分支汇合电路，步 S40 驱动排水阀开始排水，同时把强洗、弱洗循环计数器 C1、C2 及强洗、弱洗指示灯 Y6、Y7 复位，为下一次运行做准备。当水位下降到零水位时，对应的零水位检测开关触点断开，置位下一步 S41，闭合脱水离合器，同时电动机正转并继续排水，定时器 T9 进行脱水定时，定时时间到，用 T9 的常开触点置位下一步 S42，驱动蜂鸣器得电报警，定时器 T10 进行报警定时，时间到后用 T10 的常开触点置位初始步 S0，停止报警，系统停止运行，同时为下一个周期的运行做准备。

4. 参数设置及调试

1) 恢复变频器出厂设置：ALLC = 1。
2) 保持 PU 指示灯亮（Pr.79 = 0 或 1），设置变频器参数：Pr.4 = 50，Pr.5 = 30。
3) 设置 Pr.79 = 2，使变频器处于外部运行模式，此时 EXT 指示灯亮。
4) 按下按钮 SB_1，洗衣机按流程图运行；按下按钮 SB_2，洗衣机立即停止。

6.2 变频器在小型货物升降机中的应用

问题提出：对传统接触器控制的升降机进行改造，要求利用 PLC 配合变频器进行控制，其基本结构如图 6-6 所示。其中，SQ_1 ~ SQ_4 可以是行程开关，也可以是接近开关，用于位置检测，起限位作用。

在货物升降过程中，有一个由慢到快、再由快到慢的过程，即起动时缓慢加速，达到一定速度后快速运行，当接近终点时，先减速再缓慢停车，因此将图 6-6 的升降过程划分为三个行程区间，其运行曲线如图 6-7 所示。

当吊笼位于下限位 SQ_1 时，按下提升按钮 SB_2，升降机以较低的一速（10Hz）开始上升，上升到变速位 SQ_2

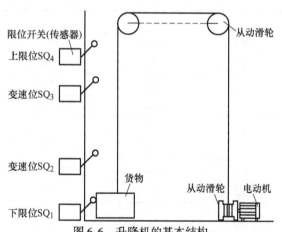

图 6-6 升降机的基本结构

时，升降机以二速（30Hz）加速上升，上升到 SQ_3 时，升降机减速，以一速（10Hz）运行，直到上限位 SQ_4 处停止；当吊笼位于上限位 SQ_4 时，按下下降按钮 SB_3，升降机以较低的一速（10Hz）开始下降，下降到变速位 SQ_3 时，升降机以二速（30Hz）加速下降，下降到 SQ_2 时，升降机减速，以一速（10Hz）运行，直到下限位 SQ_1 处停止。

升降机的升降过程是利用电动机正反转卷绕钢丝绳带动吊笼上下运动来实现的，小型货物升降机一般由电动机、滑轮、钢丝绳、吊笼以及各种主令电器等组成。传统的升降机一般

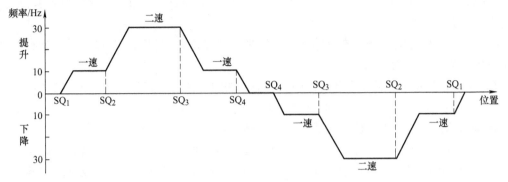

图 6-7 升降机运行曲线

采用绕线转子异步电动机转子串联电阻的调速方式，电阻的投切用继电器—接触器进行控制，这种方式缺陷明显，不但制动和调速换档时机械冲击力大、调速性能差、外接电阻能耗大，而且接线复杂，经常出现故障，安全性差。

如果采用结构简单、价格低廉的笼型异步电动机，采用 PLC 配合变频器对升降机的控制系统进行改造，就可以实现电动机的软起动和软制动，即起动时缓慢升速，制动时缓慢停车，还可以实现多档速调速控制，使中间的升降过程加快，提高货物传输的速度及安全性。

1. 输入输出分配

升降机自动控制系统主要由三菱 PLC、变频器、三相笼型异步电动机组成。根据控制要求确定 PLC 的输入输出分配，见表 6-3。

表 6-3 输入输出分配表

输入			输出		
输入继电器	输入元件	作用	输出继电器	输出元件	作用
X0	SB_1	停止按钮	Y0	STF	提升
X1	SB_2	提升按钮	Y1	STR	下降
X2	SB_3	下降按钮	Y2	RH	一速
X3	SQ_1	下限位	Y3	RM	二速
X4	SQ_2	变速位	Y4	LED_1	上升指示灯
X5	SQ_3	变速位	Y5	LED_2	下降指示灯
X6	SQ_4	上限位			

2. 接线图

按照输入输出分配表，本系统的接线图如图 6-8 所示。

在图 6-8 中，PLC 代替继电器控制电路，另外，对于系统所要求的上升和下降以及由限位开关获取吊笼运行的位置信息，也是通过 PLC 程序处理后，在 Y0～Y3 端输出 0、1 信号来控制变频器端子 STF、STR、RH、RM 的状态，使变频器按照图 7-7 所示运行曲线来控制升降机的运行特性。速度由 RH、RM 选择，如当 PLC 输出端 Y2 置 1 时，变频器输出一速频

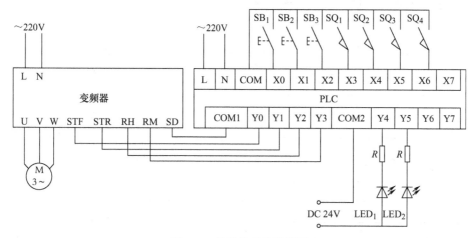

图 6-8 升降机系统接线图

率,升降机以 10Hz 上升或下降;PLC 输出端 Y3 置 1 时,变频器输出二速频率,升降机以 30Hz 上升或下降。

停止按钮 SB_1、提升按钮 SB_2、下降按钮 SB_3 可根据需要安装在底部或顶部,或者两地都安装,工作时,按下 SB_2 或 SB_3,系统就可以实现自动控制。

3. 程序设计

根据系统控制要求设计顺序功能图,如图 6-9 所示。

按下停止按钮 SB_1,通过 ZRST 指令对系统所有步复位,系统停止工作,同时通过 SET 指令对初始步 S0 置位,为升降机起动做准备。由于升降机分为上升和下降两个工作状态,所以采用选择分支,S20~S22 分支控制升降机的上升,S30~S32 分支控制升降机的下降。S20~S22 步为上升分支,只有当升降机处于下限位同时按下提升按钮时,进入 S20 步,此时分别对 Y0、Y4 置位,Y2 也同时为 1,升降机以一速上升,上升指示灯 LED_1 亮,当上升到 X4 时,Y3 为 1,升降机以二速加速上升,上升到 X5 时,Y2 为 1,升降机减速,以一速上升,直到上升至上限位,重新回到初始步 S0,同时对 PLC 所有输出 Y0~Y5 复位。同理可分析出下降分支的工作原理。

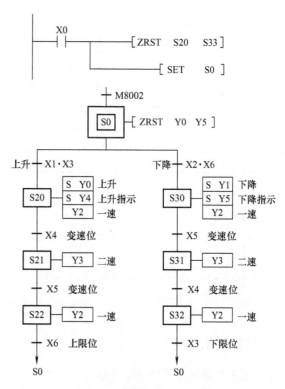

图 6-9 升降机顺序功能图

用步进指令将顺序功能图转化成梯形图,如图 6-10 所示。

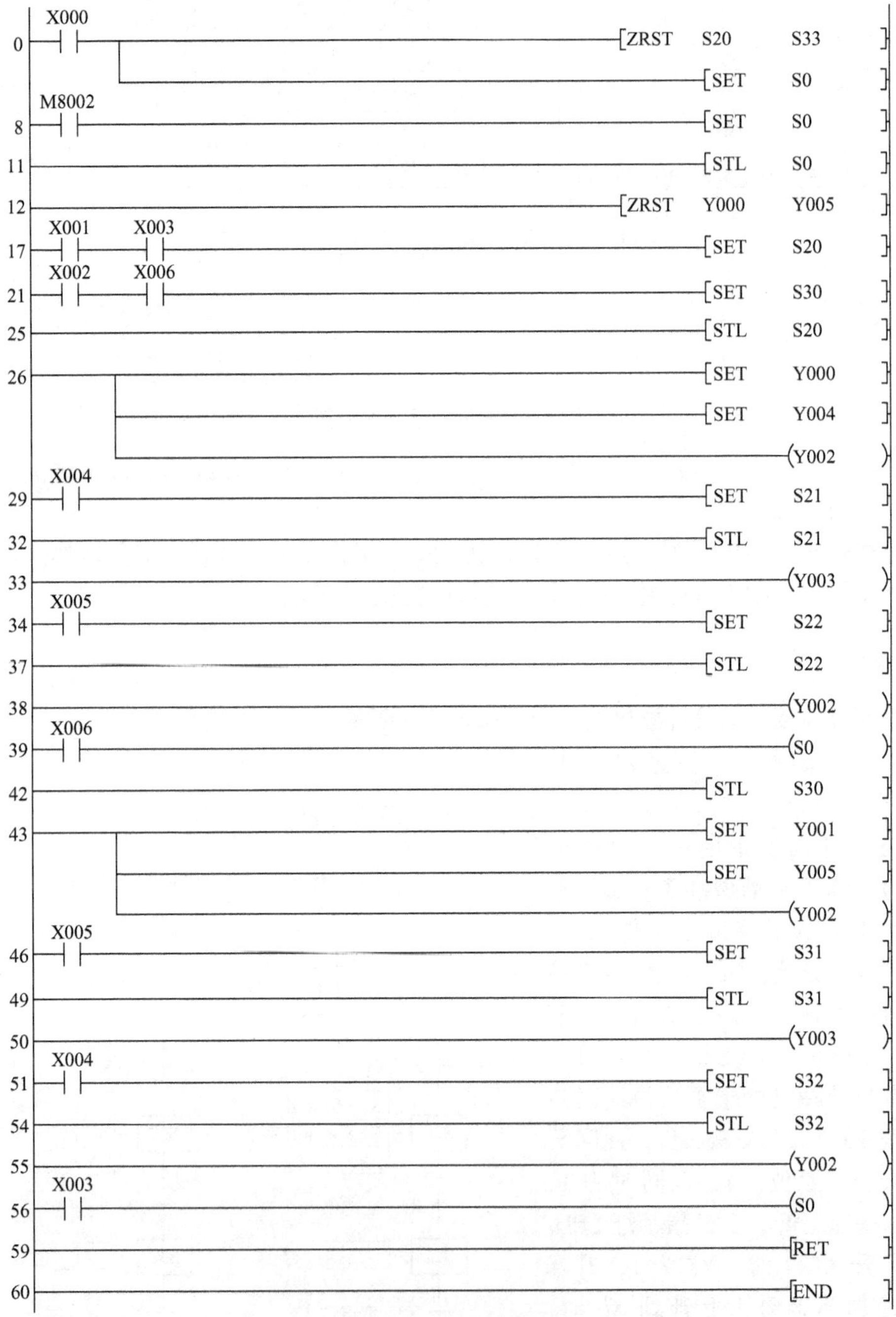

```
  0  ──X000──┬──────────────────────────[ZRST  S20   S33]
             └──────────────────────────[SET   S0       ]
  8  ──M8002──────────────────────────── [SET   S0       ]
 11  ────────────────────────────────────[STL   S0       ]
 12  ────────────────────────────────────[ZRST  Y000  Y005]
 17  ──X001──X003────────────────────────[SET   S20      ]
 21  ──X002──X006────────────────────────[SET   S30      ]
 25  ────────────────────────────────────[STL   S20      ]
 26  ──┬─────────────────────────────────[SET   Y000     ]
       ├─────────────────────────────────[SET   Y004     ]
       └─────────────────────────────────(Y002)
 29  ──X004──────────────────────────────[SET   S21      ]
 32  ────────────────────────────────────[STL   S21      ]
 33  ────────────────────────────────────(Y003)
 34  ──X005──────────────────────────────[SET   S22      ]
 37  ────────────────────────────────────[STL   S22      ]
 38  ────────────────────────────────────(Y002)
 39  ──X006──────────────────────────────(S0)
 42  ────────────────────────────────────[STL   S30      ]
 43  ──┬─────────────────────────────────[SET   Y001     ]
       ├─────────────────────────────────[SET   Y005     ]
       └─────────────────────────────────(Y002)
 46  ──X005──────────────────────────────[SET   S31      ]
 49  ────────────────────────────────────[STL   S31      ]
 50  ────────────────────────────────────(Y003)
 51  ──X004──────────────────────────────[SET   S32      ]
 54  ────────────────────────────────────[STL   S32      ]
 55  ────────────────────────────────────(Y002)
 56  ──X003──────────────────────────────(S0)
 59  ────────────────────────────────────[RET]
 60  ────────────────────────────────────[END]
```

图 6-10 升降机梯形图

4. 参数设置及调试

1) 恢复变频器出厂设置:ALLC = 1。

2) 保持 PU 指示灯亮(Pr. 79 = 0 或 1),设置变频器参数:Pr. 4 = 50,Pr. 5 = 30。

3) 设置 Pr. 79 = 2，使变频器处于外部运行模式，此时 EXT 指示灯亮。

4) 按下按钮 SB_2，升降机执行上升动作；按下 SB_3，升降机执行下降动作；按下 SB_1，升降机停止工作。

用 PLC 配合变频器控制的调速方式替代传统的转子串电阻的调速方式，具有加减速平稳、运行可靠的优点，大大提高了系统的自动化程度。该系统被广泛应用于仓库、建筑、餐饮等行业中的货物上下传输系统。

6.3 变频器在风机中的应用

问题提出：一车间用 30kW 风机，要求利用变频器调速实现一年四季车间通风换气、降温除湿、自动保持温度相对恒定的目的。改造的相关信息如下：根据未改造前的相关记录，统计了全年的风机运行时间，每个月运行 30 天，一天按 24h 计算，全年共运行 8640h，其中，夏季高温期为 4 个月，累计时间 $T_1 = 2880h$；春、秋、冬三季中低温期为 8 个月，累计时间 $T_2 = 5760h$。另外，每天的 10 时至 18 时是室外温度最高的时间，而每天的 22 时至次日 7 时是当日温度最低的时间，其余时段为当日平均温度时间。因此，要保证车间温度保持相对恒定，变频器对风机控制的频率需要根据不同时段的温度差异来设定。经过测定计算后，风机的运行频率见表 6-4。

表 6-4 风机的运行频率

季节	时间段	运行频率/Hz
夏季高温期	10 时至 18 时	48
	22 时至次日 7 时	35 ~ 38
	其余时段	43
春、秋、冬中低温期	10 时至 18 时	28
	22 时至次日 7 时	15 ~ 18
	其余时段	23

1. 风机控制中应用变频器的意义

风机是工矿企业中应用比较广泛的机械，如锅炉燃烧系统、通风系统以及烘干系统等。从电能消耗的角度来看，各类风机在工矿企业设备中所占的比例是所有生产机械中较大的，达到 20% ~ 30%。传统的风机控制是全速运行，无论生产工艺需求的大小，风机都提供固定的风压、风量。但生产工艺一般需要对风压、风量以及温度等技术指标进行控制和调节，常用的方法是调节风门或挡板开度的大小，这不仅导致了电能的大量浪费，并且控制精度也受到了限制。

风机属于二次方律负载，即消耗的电能与风机转速的三次方成正比，当风机所需风量减小时，可以使用变频器降低风机转速，比传统的风门、挡板控制方法所消耗的电能要小得多，从而达到节能的目的。下面以一个实例说明变频器在风机控制中的节能效果。

一台工业锅炉使用 30kW 的风机，一天连续运行 24h，其中每天有 10h 运行在大风量状态,频率按 46Hz 计算,挡板调节时电动机功率损耗按 98% 计算;每天有 14h 运行在大风量状态,频率按 20Hz 计算,挡板调节时电动机功率损耗按 70% 计算;全年运行时间以 300 天计算。

应用变频调速时每年消耗的电量为

$W_{b1} = 30 \times 10 \times (46/50)^3 \times 300 \text{kW} \cdot \text{h} \approx 70082 \text{kW} \cdot \text{h}$

$W_{b2} = 30 \times 14 \times (20/50)^3 \times 300 \text{kW} \cdot \text{h} = 8064 \text{kW} \cdot \text{h}$

$W_b = W_{b1} + W_{b2} = 78146 \text{kW} \cdot \text{h}$

应用挡板调节每年消耗的电量为

$W_{d1} = 30 \times 98\% \times 10 \times 300 \text{kW} \cdot \text{h} = 88200 \text{kW} \cdot \text{h}$

$W_{d2} = 30 \times 70\% \times 14 \times 300 \text{kW} \cdot \text{h} = 88200 \text{kW} \cdot \text{h}$

$W_d = W_{d1} + W_{d2} = 176400 \text{kW} \cdot \text{h}$

相比较节约电量 $\Delta W = W_d - W_b = 98254 \text{kW} \cdot \text{h}$。

由此可见,推广风机的变频调速,具有非常重要的意义。

2. 风机控制应用变频器的选择

(1) 变频器容量的选择 变频器的容量通常根据用户电动机功率来计算,计算方法如下:变频器额定输出电流≥1.1×电动机额定电流。由于风机、水泵在某一转速运行时,阻转矩一般不会发生变化,所以只要转速不超过额定值电动机就不会过载。因此,变频器的额定电流选择公式计算的最小值即可。

(2) 变频器类型的选择 风机、水泵属于二次方律负载,在低速时,阻转矩很小,因此不存在频率低时能否带动的问题,采用 U/f 控制方式足够,并且从节能的角度来分析,U/f 曲线可选最低的。多数厂家都生产了价格低廉的专用变频器,可以选用。

下面说明为什么 U/f 曲线可以选择最低的,如图 6-11 所示,曲线 0 为风机二次方律机械特性曲线;曲线 1 为电动机在 U/f 控制方式下转矩补偿为 0 时的有效负载线。当转速为 n_x 时,对应曲线 0 的负载转矩为 T_{Lx};对应曲线 1 的有效转矩为 T_{Mx}。因此,在频率低时,电动机的转矩与负载转矩相比有较大的裕量。为了节能,变频器设置了若干低减 U/f 线,其有效转矩曲线如图 6-11 中的曲线 2 和曲线 3 所示。

在选择低减 U/f 线时,有时会发生电动机起动困难的问题,如图 6-11 中的曲线 0 和曲线 3 相交于 S 点,在 S 点以下,电动机难以起动。这种情况

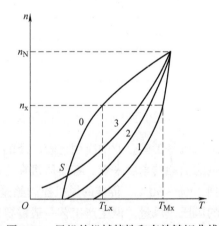

图 6-11 风机的机械特性和有效转矩曲线

下,我们可以采取两种措施:一是选择另外一条低减 U/f 线,如曲线 2;二是适当加大起动频率,让电动机频率运行在 S 以上。

在设置变频器参数时,首先要明确说明书上标注的 U/f 线在出厂设置时默认的补偿量,一般变频器出厂时设置转矩补偿 U/f 线,即频率 $f_x = 0$ 时,补偿电压 U_x 为固定值,以适应低速时需要的较大转矩负载。但这种设置不适合风机负载,因为风机在急速时阻转矩很小,即

使不补偿,电动机输出的电磁转矩都足够带动负载。为了节能,风机应采用负补偿的 U/f 线,在低速时有效转矩线减小电压 U_x,因此也叫低减 U/f 线。如果用户对变频器出厂设置的转矩补偿 U/f 线不加以改变就直接接上风机运行,节能效果就会比较差了,甚至在个别情况下,还会出现低频运行时因励磁电流过大而跳闸的现象。如果变频器有"自动节能"的功能,直接选取就可以了。

(3)变频器的参数设置

1)上限频率。风机具有二次方律的机械特性,所以当转速超过额定转速时,阻转矩将显著增大,容易使电动机和变频器出现过载现象。因此,上限频率 f_H 不应超过额定频率 f_N。

2)下限频率。从风机的特性和工作状况来看,下限频率 f_L 没有要求,但转速太低时,风量太小,一般情况下无实际意义。因此,可预置 $f_L \geq 20 Hz$。

3)加减速时间。由于风机的惯性很大,如果加速时间过短,容易产生过电流;减速时间过短,容易产生过电压。而风机起动和停止的次数很少,起动和停止的时间不会影响正常工作。所以加减速时间可以设置长一些,风机容量越大,加减速时间设置越长。

4)加减速方式。风机在低速时阻转矩很小,随着转速的升高,阻转矩显著增大;反之,在停机开始时,由于风机惯性的原因,转速下降缓慢。因此,加减速方式以半 S 方式比较适宜。

5)跳变频率。风机在较高的转速运行时,阻转矩较大,容易在某一转速下发生机械谐振,极易造成机械事故或设备的损坏,因此要设置跳变频率。可采用试验的方法进行预置,反复缓慢地在设定频率范围内进行调节,同时观察产生谐振的频率范围,然后进行跳变频率的设置。

6)起动前的直流制动。风机在停机后,风叶常常由于自然风而处于反转状态,如果直接让风机起动,电动机处于反接制动状态,会产生很大的冲击电流。为避免这种情况出现,保证电动机在零速状态下起动,要进行"起动前的直流制动"功能设置。

3. 风机控制应用变频器的控制电路

通常情况下,风机采用正转控制,电路比较简单。不过需要考虑变频器一旦发生故障,风机不能停止工作,而是将风机由变频运行切换到工频运行。风机变频调速系统的电气原理图如图 6-12 所示。

下面对风机变频调速系统的电气原理进行说明:

(1)主电路 三相工频电源通过断路器 QF 接入,接触器 KM_1 用于将电源接到变频器的输入端 R、S、T;接触器 KM_2 用于将变频器的输出端 U、V、W 接到电动机;接触器 KM_3 用于将工频电源直接接到电动机。注意,KM_2、KM_3 绝不能同时接通,否则会损坏变频器,KM_2 和 KM_3 之间要进行互锁。热继电器 FR 用于工频运行时的过载保护。

(2)控制电路 为便于对风机进行变频运行和工频运行的切换,控制电路中采用开关 SA 进行选择。

当 SA 合至工频运行时,按下起动按钮 SB_2,中间继电器 KA_1 得电动作并形成自锁,使接触器 KM_3 动作,电动机运行在工频状态下,同时 KM_3 的常闭触头断开,形成互锁,确保 KM_2 不能接通。按下停止按钮 SB_1,KA_1 和 KM_3 失电,电动机停止运行。

当 SA 合至变频运行时,按下起动按钮 SB_2,中间继电器 KA_1 得电动作并形成自锁,使

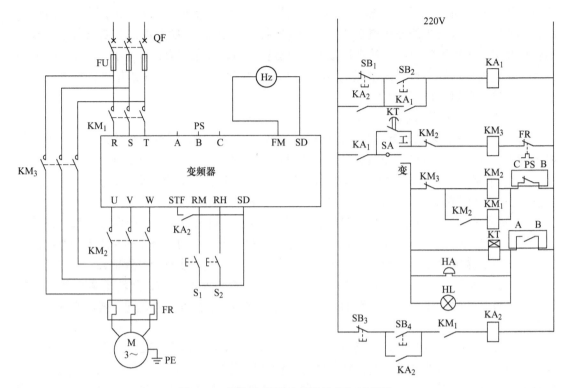

图 6-12 风机变频调速系统的电气原理图

接触器 KM₂ 动作,将电动机接至变频器的输出端。KM₂ 动作后接触器 KM₁ 也动作,将工频电源接到变频器的输入端,并允许电动机起动。同时 KM₂ 的常闭触头断开,形成互锁,确保 KM₃ 不能接通。

按下按钮 SB₄,中间继电器 KA₂ 得电动作,电动机开始加速,进入变频运行状态。KA₂ 动作后,停止按钮 SB₁ 失去作用,以防止直接切断变频器电源使电动机停转。

在变频运行中,如果变频器因故障而跳闸,则变频器的"B-C"保护触点断开,接触器 KM₁、KM₂ 线圈均断电,主触点切断变频器与电源之间,以及变频器与电动机之间的连接。同时"B-A"触点闭合,接通报警器 HA 和报警指示灯 HL 进行声光报警。同时,时间继电器 KT 得电开始计时,延时时间到,其延时常开触头闭合,使 KM₃ 动作,电动机进入工频运行状态。操作人员发现报警后,及时将 SA 旋转至工频运行,这时报警停止,KT 断电。

4. 风机控制应用变频器的系统设计

控制要求中只是简单的时间及频率控制,我们选用具有程序运行功能的 FR-A540 系列变频器,程序控制由变频器实现,因此可以不使用 PLC,降低了改造成本。

(1) 电气原理图 根据控制要求在图 6-12 的基础上增加变频器调速控制电路,电气原理图如图 6-13 所示。

(2) 参数设置 本系统参数设置包括基本参数设置,夏季高温期参数设置及春、秋、冬中低温期参数设置,分别见表 6-5~表 6-7。

第6章 变频器在典型控制系统中的应用

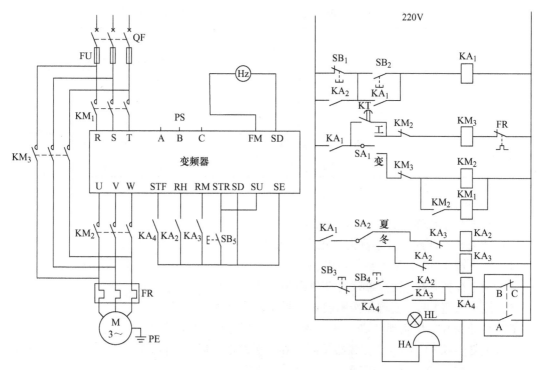

图 6-13 风机变频调速系统电气原理图

表 6-5 风机变频调速系统基本参数设定

功能参数	名 称	设定值	单 位
Pr. 1	上限频率	49.5	Hz
Pr. 2	下限频率	0	Hz
Pr. 3	基准频率	50	Hz
Pr. 7	加速时间	20	s
Pr. 8	减速时间	30	s
Pr. 20	加减速参考频率	50	Hz
Pr. 76	程序运行时间到输出	3	/
Pr. 79	程序运行模式	5	/
Pr. 200	运行时间单位	3	/
Pr. 231	现场基准时间	/	/

表 6-6 风机变频调速系统夏季高温期参数设定

序 号	运 行	参数设定值
1	正转 35Hz 0时整	Pr. 201 = 1　35　0:00
2	正转 43Hz 7时整	Pr. 202 = 1　43　7:00
3	正转 48Hz 10时整	Pr. 203 = 1　48　10:00
4	正转 43Hz 14时整	Pr. 204 = 1　43　14:00
5	正转 40Hz 18时整	Pr. 205 = 1　40　18:00
6	正转 35Hz 22时整	Pr. 206 = 1　35　22:00

表 6-7 风机变频调速系统春、秋、冬中低温期参数设定

序 号	运 行	参数设定值
1	正转 18Hz 0 时整	Pr.201=1 18 0:00
2	正转 23Hz 7 时整	Pr.202=1 23 7:00
3	正转 28Hz 10 时整	Pr.203=1 28 10:00
4	正转 23Hz 14 时整	Pr.204=1 23 14:00
5	正转 21Hz 18 时整	Pr.205=1 21 18:00
6	正转 18Hz 22 时整	Pr.206=1 18 22:00

(3) 调试步骤

1) 开关 SA_1 选择"变频运行"模式。

2) 开关 SA_2 选择"夏季高温期运行"模式。

3) 按下按钮 SB_2,变频器接通电源。

4) 按下按钮 SB_5,变频器运行在单组重复状态。

5) 按下按钮 SB_4,变频器按照表 6-6 所设定的程序运行。

6) 将开关 SA_2 切换到"春、秋、冬中低温期运行"模式。

7) 重复步骤 3)~6),变频器按照表 6-7 所设定的程序运行。

8) 按下按钮 SB_1,停止运行。

(4) 节能分析 风机全年总运行时间为 8640h,其中夏季高温期 4 个月,累计时间 $T_1=2880h$,综合运行频率为 43Hz;春、秋、冬季中低温期 8 个月,累计时间 $T_2=5760h$,综合运行频率为 23Hz。

改造前无论是何季节,风机以工频运行,全年耗电量为

全年:$W_g = 30 \times 8640 kW \cdot h = 259200 kW \cdot h$

改造后全年耗电量为

高温期:$W_{b1} = 30 \times 2880 \times (43/50)^3 kW \cdot h \approx 54955 kW \cdot h$

低温期:$W_{b2} = 30 \times 5760 \times (23/50)^3 kW \cdot h \approx 16820 kW \cdot h$

全 年:$W_b = W_{b1} + W_{b2} = (54955 + 16820) kW \cdot h = 71775 kW \cdot h$

改造后节约电量为

$\Delta W = W_g - W_b = (259200 - 71775) kW \cdot h = 187425 kW \cdot h$

按 1kW·h 电 0.6 元计算,采用变频调速每年可节约电费 112455 元。

6.4 变频器在恒压供水系统中的应用

问题提出:用 PLC、变频器设计一个有五段速调速的恒压供水系统,其控制要求如下所述:有三台水泵,要求两台运行,一台备用,运行与备用三天轮换一次,如图 6-14 所示。

用水高峰时,一台水泵全速运行,一台变频运行,另一台备用,三天循环一次,便于维护和检修,也不会停止供水。用水低谷时,只需一台水泵变频运行。三台水泵分别由电动机 M_1、M_2、M_3 拖动,而三台电动机又分别由变频接触器 KM_1、KM_3、KM_5 和工频接触器

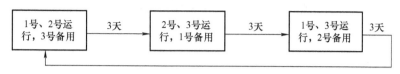

图 6-14 水泵切换示意图

KM_2、KM_4、KM_6 控制。

电动机的转速由变频器的五段速来控制,这五段速分别时 20Hz、25Hz、30Hz、40Hz、50Hz,五段速的变频及工频的切换由管网压力继电器的压力上限节点和下限节点控制。水泵投入工频运行时,电动机的过载由热继电器保护,并有报警信号指示。

1. 变频节能控制在供水系统中的应用

当前,变频节能控制技术在生活供水、工业供水等给排水系统中的应用非常广泛,主要有以下表现:

1)变频调速控制供水压力可调,更方便地满足各种供水需要,并且由于供水压力随时可调,所以在设计阶段可以降低对供水压力计算准确度的要求。但在选择水泵时要注意,泵的扬程应大一些,因为变频调速的最大压力受水泵的限制,最低使用压力也不能太小,因为水泵不允许在低扬程、大流量的情况下长期超负荷工作,否则应加大变频器和水泵电动机的容量,从而防止过载的发生。

2)随着变频器技术的日益成熟,为了适应水泵的调速要求,市场上出现了很多品牌的变频器(集成了工变频切换和多水泵切换的功能),为变频调速供水提供了充分的基础。任何品牌的变频器与 PLC 控制配合,都可以实现多泵并联恒压供水,因为变频恒压供水的应用广泛,有些厂家生产出了供水专用变频器,如三菱 F500、F700,这些变频器具有 PID 调节功能、工变频运行切换功能和多水泵切换功能,具有可靠性高、使用方便的优点。

3)变频调速恒压供水具有良好的节能效果,由流体力学原理可知,水泵的转矩与转速的二次方成正比,轴功率与转速的三次方成正比,当所需流量减小、水泵转速下降时,功率按转速的三次方下降,因此变频调速的节能效果非常可观。

根据水泵-管道供水原理,调节供水流量有两种方法。一是采用阀门进行调节,开大供水阀,流量上升;关小供水阀,流量下降,该方法虽然简单,但本质上是通过人为增大阻力的办法达到调节目的,因此会浪费大量电能。二是调速调节,流量增加,压力下降,水泵转速上升。对于用水量经常变化的场所,应采用调速调节供水流量,具有良好的节能效果。

2. 恒压供水的目的

对供水系统的控制,目的是满足用户对供水流量的需求。因此,流量是供水系统的基本控制对象。由于流量的测量比较复杂,在动态情况下,管道中水压 P 的大小与供水能力(Q_G)和用水需求(Q_U)之间的平衡情况有关:如供水能力 Q_G > 用水需求 Q_U,则压力 P 上升;如供水能力 Q_G < 用水需求 Q_U,则压力 P 下降;如供水能力 Q_G = 用水需求 Q_U,则压力 P 不变。

由此可见,供水能力与用水需求的关系具体反映在流体压力的变化上。因此,压力就成为控制流量大小的参变量。也就是说,只要保持供水系统中某处压力恒定,就保证了该处的供水能力与用水需求处于平衡状态，恰好满足了用水需求的供水流量，这就是恒压供水所要达到的目的。

3. 恒压供水系统的构成

恒压供水系统采用由 PLC 与变频调速装置构成控制系统，进行优化控制泵组的调速运行，自动调速泵组的运行台数，完成供水压力的闭环控制，根据实际情况设定水压，自动调节水泵电动机的转速和水泵的数量，自动补偿用水量的变化，从而保证供水管网的压力恒定，在满足供水要求的同时，还可节约电能，变频恒压供水系统框图如图 6-15 所示。

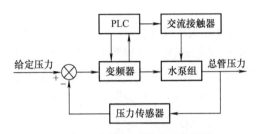

图 6-15　变频恒压供水系统框图

变频恒压供水控制系统由 PLC、变频器、水泵组（水泵数量可根据需要选择）、压力传感器和交流接触器等部分组成。系统的控制目标是泵站总管道的出水压力（总管压力），变频器设定的给水压力值与反馈的总管压力实际值进行比较，差值送入变频器内置的 PID 调节器进行运算处理，然后由 PLC 发出控制指令，控制水泵组的投运台数和运行变频泵电动机的转速，从而实现给水总管的压力稳定。恒压控制由变频器内置 PID 功能实现，根据用水流量的变化来调节变频器的输出频率，从而使管网水压连续变化。另外，变频器还可以作为电动机的软起动装置，以限制电动机的起动电流。压力传感器用来检测管网水压，安装在供水系统的总出水管上。PLC 和变频器的应用便于实现水泵电动机转速的平滑连续调节及水泵电机的变频软起动，从而消除了对电网、电气设备和机械设备的冲击，有利于延长设备的使用寿命。

4. 变频器的 PID 功能

现在大部分变频器都具有 PID 功能，可以直接接收传感器的反馈信号，实现过程量的自动控制。这种 PID 功能可以根据预设的给定量进行设置，误差求反，对反馈量进行监测，并具有上下限报警功能。控制系统如图 6-16 所示。

图 6-16 中压力传感器 SP 工作时需要 24V 直流电源，它将管网水压信号变换成 4~20mA 电流信号，作为反馈信号输入变频器的 4-5 端子，外部压力设定器将指定压力（0~1.0MPa）变换为 0~5V 的电压信号输入到变频器的 2-5 端子。变频器根据给定值与反馈值的偏差进行 PID 控制，使系统处于稳定的工作状态，从而保持管网水压恒定。

变频器有两个控制信号：一是 2-5 端子之间得到的给定信号 X_T，这是一个与压力控制目标相对应的值，一般用百分数来表示，可由键盘直接给定，也可通过外接电位器给定。X_T 的大小除了与所要求的压力控制目标有关，还与压力传感器 SP 的量程有关，如果用户要求的供水压力为 0.3MPa，压力传感器的量程为 0~1MPa，则给定值应设为 30%；二是 4-5 端子之间由压力传感器 SP 反馈回来的信号 X_F，这是一个反映实际压力的信号。

系统工作时，X_T 和 X_F 相减，合成信号 $X_D = X_T - X_F$ 经过 PID 调节处理后得到频率给定信号 X_G，以决定变频器的输出频率 f_X。当用水流量减小时，供水能力 $Q_G >$ 用水需求 Q_U 时，

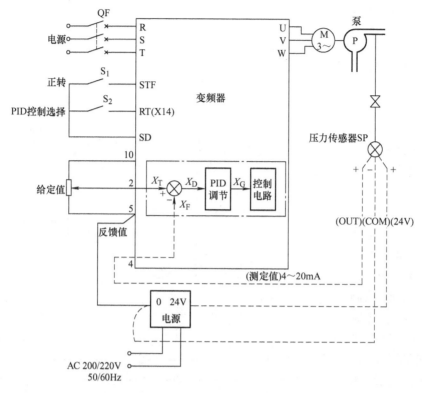

图 6-16 控制系统示意图

则供水压力上升 X_F 上升→X_D 下降→f_X 下降→电动机转速 n_X 降低→供水能力 Q_G 下降→直到压力大小反馈到给定值，供水能力与用水需求重新平衡（$Q_G = Q_U$）；反之亦然。

利用变频器内置 PID 调节功能实现恒压供水，只需按照图 6-16 连接电路，设置相应的参数即可。参数分为端子定义功能参数和 PID 运行参数两部分，其中端子定义功能参数的设定以常用于恒压供水的变频器三菱 FR - F740 为例，其他型号的参数设置需要另行查看变频器使用手册。

1）端子定义功能参数设定：

Pr. 183 = 14（将 RT 端子设定为 PID 功能）。

Pr. 192 = 16（将 IPF 端子设定为 PID 正反转输出）。

Pr. 193 = 14（将 OL 端子设定为 PID 下限输出）。

Pr. 194 = 15（将 FU 端子设定为 PID 上限输出）。

2）PID 运行参数设定：

Pr. 128 = 20（选择 PID 负作用，给定值由 2-5 端子输入，反馈值由 4-5 端子输入）。

Pr. 129 = 100（PID 比例调节范围）。

Pr. 130 = 10s（PID 积分时间）。

Pr. 131 = 100%（PID 上限调节值）。

Pr. 132 = 0%（PID 下限调节值）。

Pr. 133 = 50%（PU 操作下控制设定值的确定）。

Pr. 134 = 3s（PID 微分时间）。

5. 多泵循环变频恒压供水系统

当有多台水泵同时供水时,由于不同季节、不同时间的用水量变化很大,为了节约能源,常常需要进行切换。此处便要解决多台水泵循环恒压变频供水问题。三台水泵构成的循环变频恒压控制电路如图 6-17 所示。

其中,$M_1 \sim M_3$ 是电动机,$P_1 \sim P_3$ 是水泵,KM_1、KM_3、KM_5 控制水泵变频运行,KM_2、KM_4、KM_6 控制水泵工频运行。变频器用来为电动机提供频率连续可调的电源,实现电动机的无级调速,从而使管网水压连续变化。传感器用

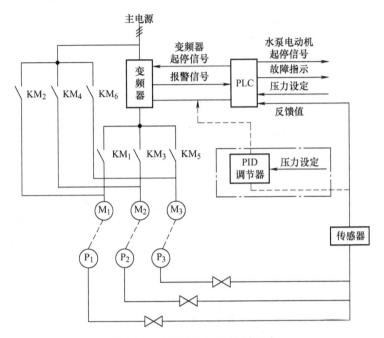

图 6-17 多泵变频恒压控制电路

来检测管网水压,压力设定单元为系统提供满足用户需求的水压期望值。通常情况下,供水设备控制 1~3 台水泵,其中 1~2 台工作,1 台备用,而且一般只有一台变频泵。当供水系统开始工作时,首先起动变频泵,管网水压达到设定值时,变频器的输出频率稳定为某一数值,当用水量增加时,水压降低,传感器便将这一信号送入 PLC 或 PID 调节器,PLC 或 PID 调节器则送出一个比用水量增加前大的信号,使变频器的输出频率上升,水泵电动机的转速提高,水压上升。如果用水量增加很多,变频器的输出频率达到最大值仍不能满足管网水压的设定值,PLC 或 PID 调节器就发出信号起动另一台工频泵,其他泵依此类推。反之,当用水量减少时,变频器的输出频率达到最小值后,则会发出减少一台工频泵的指令。

如果要实现以上的控制过程,一般有以下四种方法:一是将压力设定信号和反馈信号送入 PLC,经 PLC 内部 PID 控制程序的计算,给变频器输送一个转速控制信号(该方法的 PID 运算和水泵切换均由 PLC 完成,需要给 PLC 配置模拟量输入输出模块,并且要编写 PID 控制程序,初期投资大,编程复杂);二是将压力设定信号和反馈信号送入 PID 调节器,由 PID 调节器进行运算后,给变频器输送一个转速控制信号,如图 6-17 所示(这种方法只需要给 PLC 配置开关量输入输出即可);三是利用变频器内部的 PID 功能来实现,PLC 只是根据压力信号的变化控制水泵的投放台数,这也是目前变频恒压供水系统中最为常见的方法;四是将 PID 调节器以及 PLC 的功能都集成到变频器内部,形成带有各种应用宏的新型变频器(如三菱 F500 和 F700 系列变频器,具有多泵切换功能)。这类新型变频器价格比通用变频器略高,但功能强大很多,只需将图 6-17 中传感器反馈的压力信号送入变频器自带的

PID 调节器输入口（F740 可以由 4-5 端子接收反馈信号），压力设定既可以由变频器面板以数字量形式给定，也可以采用电位器以模拟量形式给定（F740 可以由 2-5 端子接收设定信号）。这样设置好变频器的 PID 参数，经过现场调试后设备就可以正常运行了。由于采用变频器内部的 PID 功能，省去了对 PLC 存储容量的要求和对 PID 算法的编程，而且 PID 参数的调试容易实现，降低了生产成本，也大大地提高了生产效率。

6. 恒压变频供水系统的设计

水泵电动机的五段速由变频器的多段速调速实现，系统根据用水量的大小，通过 PLC 检测水压的上限和下限信号，来控制变频器三个速度端子 RH、RM、RL 的接通断开状态，从而调节水泵电动机的不同运行频率。

系统工作时，1 号水泵以 20Hz 变频方式运行。用水量增加时，管道压力减小，PLC 检测到压力传感器的下限信号后，驱动变频器的速度端子，使水泵以 25Hz 的频率运行，如果压力继续减小，PLC 会使变频器依次运行在 30Hz、40Hz、50Hz 的频率上；如果运行在 50Hz 时，PLC 仍检测到压力传感器的下限信号，PLC 就驱动 2 号水泵工频运行，同时起动 1 号水泵以 20Hz 频率进入变频运行；如果压力继续降低，则会按照 25Hz、30Hz、40Hz、50Hz 的顺序依次增大 1 号水泵的频率。用水量减少时，管道压力增加，当 PLC 检测到压力传感器的上限信号时，控制水泵电动机运行在低一级的频率上；若水泵已经运行在最低频率 20Hz 上，压力还继续增大，PLC 就控制相关接触器动作，停止 2 号水泵的运行，并将 1 号水泵切换到 50Hz 的变频运行状态，如果压力继续增加，则 PLC 控制水泵电动机依次运行在低一级的频率上。

（1）输入输出分配 根据控制要求确定 PLC 的输入输出分配，见表 6-8。

表 6-8 输入输出分配表

输入			输出		
输入继电器	输入元件	作用	输出继电器	输出元件	作用
X0	SB_1	起动按钮	Y0	STF	变频器起动
X1	SB_2	停止按钮	Y1	RH	多段速选择
X2	S_1	水压上限	Y2	RM	多段速选择
X3	S_2	水压下限	Y3	RL	多段速选择
X4	$FR_1 \sim FR_3$	过载保护	Y4	MRS	变频器输出禁止
			Y5	KM	接通变频器电源
			Y6	KM_1	1 号水泵变频运行
			Y7	KM_2	1 号水泵工频运行
			Y10	KM_3	2 号水泵变频运行
			Y11	KM_4	2 号水泵工频运行
			Y12	KM_5	3 号水泵变频运行
			Y13	KM_6	3 号水泵工频运行
			Y14	HL	FR 报警指示

（2）接线图　根据要求，系统采用一台变频器拖动 3 台水泵的方式，每台水泵电动机既可工频运行也可变频运行，主电路如图 6-18 所示。其中，接触器 KM_1、KM_3、KM_5 用于将各台水泵电动机连接至变频器，实现变频调速；接触器 KM_2、KM_4、KM_6 用于将各台水泵电动机直接接至工频电源。

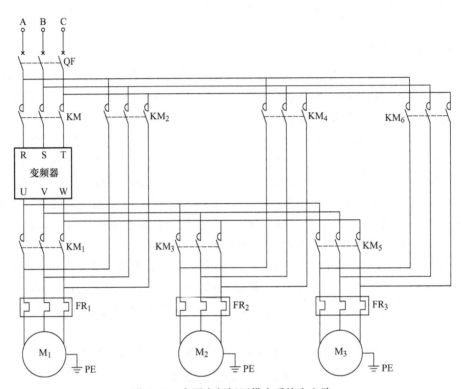

图 6-18　多泵变频恒压供水系统主电路

根据系统的控制要求以及 PLC 输入输出分配表，变频恒压供水系统的控制电路如图 6-19 所示，PLC 的输出 Y0～Y3 直接连接到变频器的 STF、RH、RM、RL 上，以控制变频器的五段速调速；Y6～Y13 分别控制变频和工频接触器的接通断开，需要注意的是，每台电动机的变频和工频接触器必须在硬件电路中互锁；将三台电动机的热继电器 FR_1～FR_3 串联后接在 PLC 的输入端子 X4 上，任意一台电动机过载，便可以切断所有电路，使电动机和变频器停止运行。PLC 的输出 Y4 接到变频器的输出禁止端子 MRS 上，目的是在电动机进行工频和变频切换时让变频器的所有动作停止，保证正确切换。

（3）程序设计　根据控制要求，该系统包含两个顺序控制：一是三台水泵的切换，二是五段速的切换。这两个流程是同时进行的，可以用顺序功能图的并行流程来进行设计，如图 6-20 所示。

在图 6-20 中，S0 步是系统初始化及报警程序。PLC 上电后，初始化脉冲 M8002 对所有状态、计数器、变频器起动信号、变频器电源进行复位，按下停止按钮 X1 也可以做同样的动作。X4 是三台电动机的过载信号，系统正常运行时，X4 输入继电器失电，其常开触点断开，一旦其中一台电动机过载，X4 的常开触点就会闭合，Y14 输出继电器得电，进行报警。

M8000 给 S0 步置位，使 S0 变成活动步，如果此时变频器没有运行（即 $\overline{Y0}=1$），按下

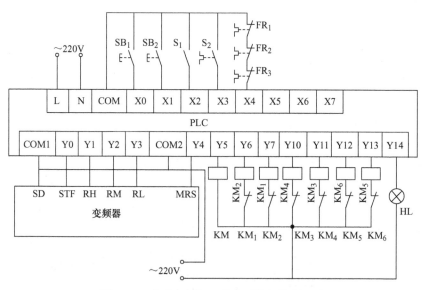

图 6-19 多泵变频恒压供水系统的控制电路

起动按钮 X0，系统进入两个并行分支的运行，其中一个分支是 S20~S22，另一个是 S23~S27。

S20~S22 分支是三台水泵轮流切换分支。以 S20 步为例，系统最初运行的 1 号水泵为变频状态，M8014 为 1min 周期的脉冲，用计数器 C0 对 M8014 进行计数，计满 3 天后，C0 的常开触点闭合，Y4 得电，禁止变频器所有的输出，同时起动定时器 T0 进行 1s 的延时，时间到后进入 S21 步，将 1 号水泵停掉，起动 2 号和 3 号水泵运行，若在 S20 步为活动步期间，起动工频信号 M10，则 2 号水泵变为工频运行，1 号水泵仍为变频运行，此时系统处于一工频一变频的运行状态。同理，该分支中 S21、S22 步的运行过程与 S20 步相似，请读者自行分析。

S23~S27 分支是变频器多段速切换分支。其中每一步都对应着变频器的一个运行频率，以 S23 步为例，此时 Y0 线圈得电，变频器以 20Hz 频率运行，如果此时 PLC 检测到下限信号 X3，则转移到 S24 步，变频器运行频率上升，供水量增加；若仍然检测到下限信号，则变频器的运行频率继续上升；若在运行过程中，PLC 检测到上限信号 X2，系统则返回到上一点，降低变频器的运行频率、减小供水量；若在 S23 步 PLC 检测到上限信号 X2，即用水量较小时，则复位工频信号 M10，水泵轮流切换分支中正在运行的工频电动机停转；在 S27 步，变频器以 50Hz 的频率运行，若供水量仍然满足不了要求，则下限信号 X3 常开触点闭合，将工频运行信号 M10 置位，起动水泵轮流切换分支中水泵，起动工频运行，此时系统处于一工频一变频的运行状态。

用步进指令将顺序功能图转化成梯形图，如图 6-21 所示。

（4）参数设置及调试 根据控制要求，变频器的具体设定参数及调试步骤如下：

1）恢复变频器出厂设置：ALLC = 1。

2）保持 PU 指示灯亮（Pr. 79 = 0 或 1），设置变频器参数：上限频率 Pr. 1 = 50Hz；下限频率 Pr. 2 = 20Hz；基准频率 Pr. 3 = 50Hz；加速时间 Pr. 7 = 2s；减速时间 Pr. 8 = 2s；电子过电流保护 Pr. 9 = 电动机的额定电流；多段速设定 Pr. 4 = 20Hz，Pr. 5 = 25Hz，Pr. 6 = 30Hz，

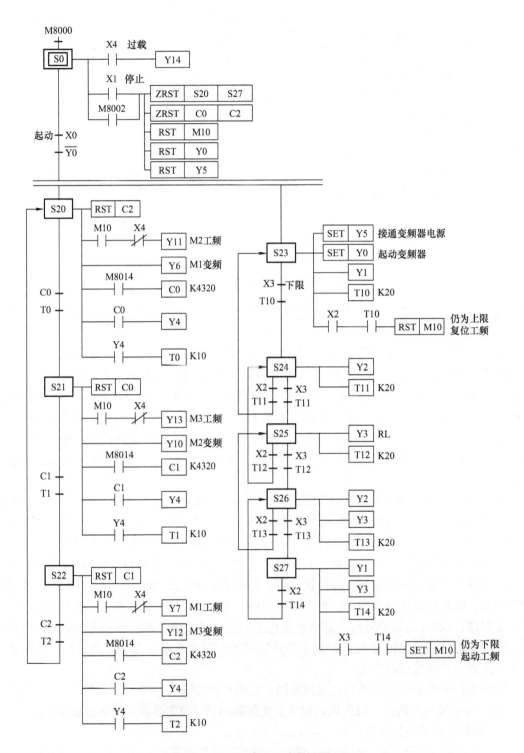

图 6-20 变频恒压供水系统顺序功能图

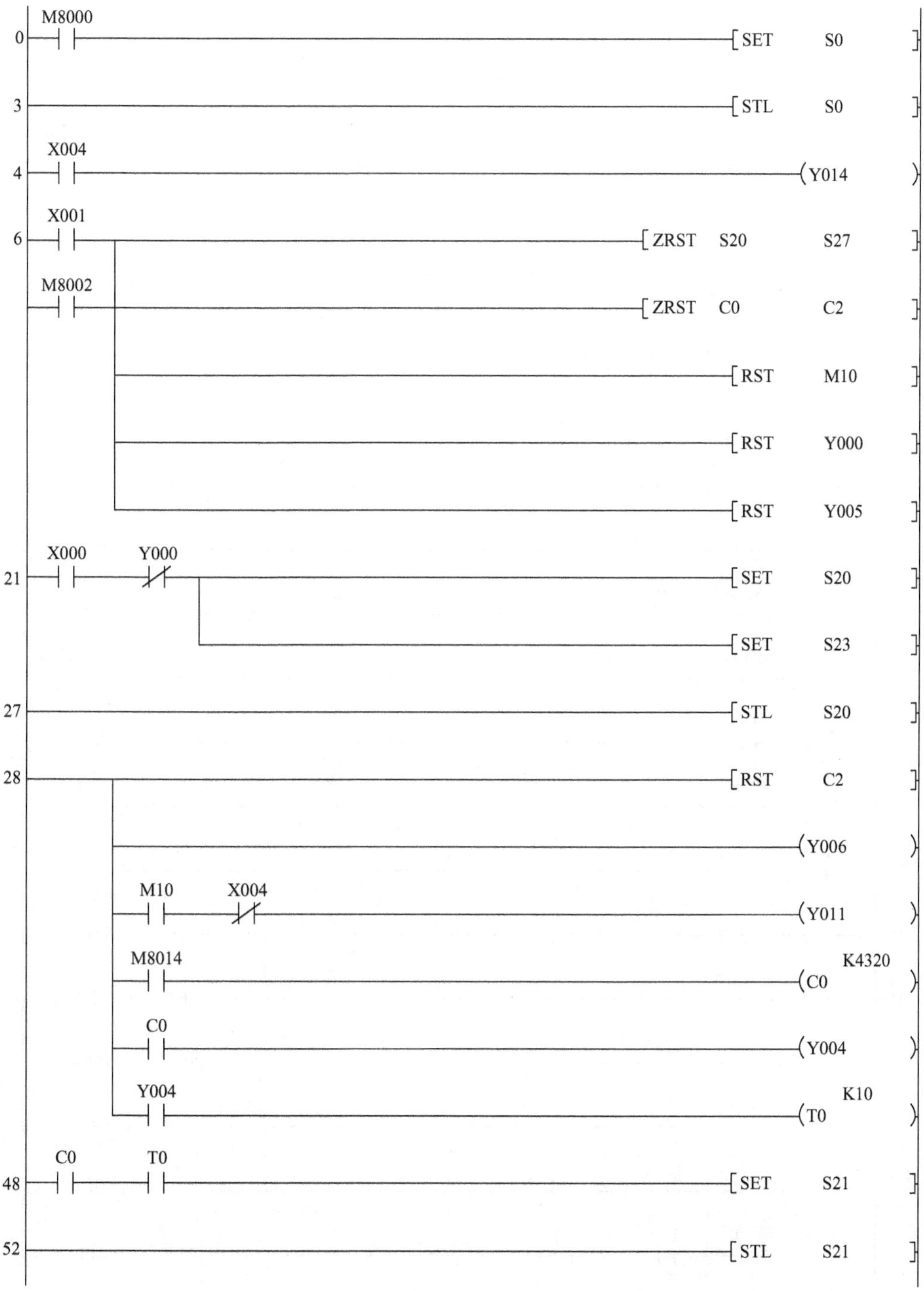

```
  0  ──┤M8000├──────────────────────────────────[SET   S0 ]
  3  ─────────────────────────────────────────────[STL   S0 ]
  4  ──┤X004├──────────────────────────────────────(Y014)
  6  ──┤X001├──┬────────────────────────[ZRST  S20   S27]
       │
     ──┤M8002├──┼────────────────────────[ZRST  C0    C2 ]
                │
                ├──────────────────────────────[RST   M10]
                │
                ├──────────────────────────────[RST   Y000]
                │
                └──────────────────────────────[RST   Y005]
 21  ──┤X000├──┤/Y000├──────────────────────────[SET   S20]
              └──────────────────────────────────[SET   S23]
 27  ─────────────────────────────────────────────[STL   S20]
 28  ──┬──────────────────────────────────────────[RST   C2]
       ├──────────────────────────────────────────(Y006)
       ├──┤M10├──┤/X004├──────────────────────────(Y011)
       ├──┤M8014├───────────────────────────K4320
       │                                    (C0)
       ├──┤C0├─────────────────────────────────(Y004)
       └──┤Y004├───────────────────────────K10
                                            (T0)
 48  ──┤C0├──┤T0├──────────────────────────────[SET   S21]
 52  ─────────────────────────────────────────────[STL   S21]
```

图 6-21　变频恒压供水系统梯形图

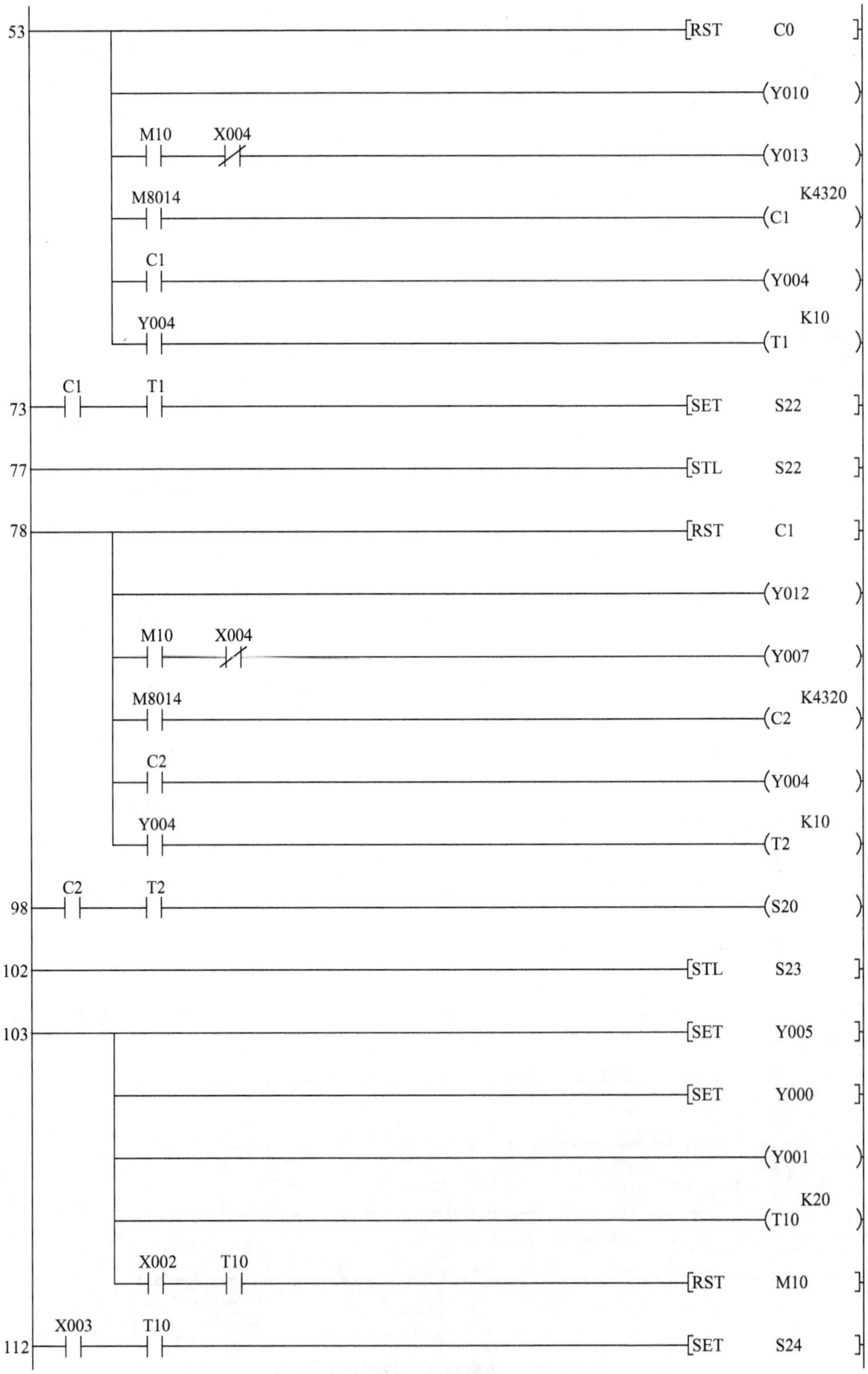

图 6-21 变频恒压

第6章 变频器在典型控制系统中的应用

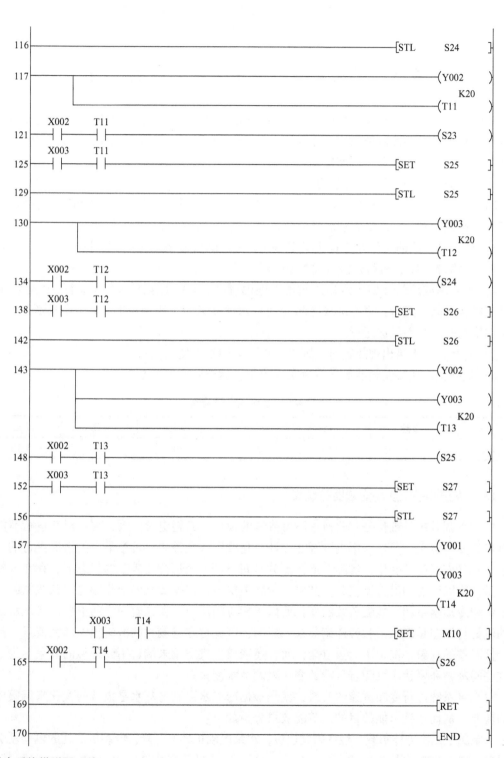

供水系统梯形图（续）

Pr. 24 = 40Hz，Pr. 25 = 50Hz。

3）设置 Pr. 79 = 2，使变频器处于外部运行模式，此时 EXT 指示灯亮。

4）按下 SB_1，系统开始工作；按下 SB_2，系统停止工作。

6.5 变频器在中央空调系统中的应用

问题提出：某中央空调系统的冷冻水循环和冷却水循环系统由 PLC、变频器进行控制，试设计使其满足下列控制要求：系统由三台水泵组成，每次只运行两台，一台备用，10 天轮换一次。其切换方式及运行速度如下：

1）先起动 1 号水泵，进行恒温度（差）控制。

2）当 1 号水泵的工作频率上升至 50Hz 时，将它切换至工频电源，同时将变频器的给定频率迅速降到 0Hz，并使 2 号水泵与变频器相连，进行恒温（差）控制。

3）当 2 号水泵的工作频率也上升到 50Hz 时，也切换至工频电源，同时将变频器的给定频率迅速降到 0Hz，进行恒温（差）控制。

4）当冷冻或冷却（回）水温差超出上限温度时，1 号水泵工频全速运行，2 号水泵切换到变频状态高速运行；当冷冻或冷却（回）水温差低于下限温度时，1 号水泵断开，2 号水泵切换到变频状态低速运行。

5）当有一台水泵出现故障时，则 3 号水泵立即投入使用。

6）变频调速通过变频器的七段速实现控制，运行频率见表 6-9。

表 6-9 七段速变频调速

1 速	2 速	3 速	4 速	5 速	6 速	7 速
10Hz	15Hz	20Hz	25Hz	30Hz	40Hz	50Hz

1. 中央空调系统应用变频器的意义

中央空调系统是现代公共建筑中不可或缺的设备，其耗电量巨大，因此对其进行节能改造有着重要的意义。另外，中央空调在设计时是按照天气最热、负载最大的情况进行的，由于季节和昼夜温度的变化，实际上绝大部分时间空调不会运行在满载的状态下，存在着较大的裕量，所以节能的潜力比较大。其中，冷冻主机可以根据负载的变化随之加载或减载，冷冻水泵和冷却水泵却不能随负载的变化而做出相应的调节，存在着很大的浪费。传统水泵系统的流量与压差是靠阀门和旁通调节来完成的，因此存在着较大的截流损失和大流量、高压力、低温差的现象，浪费了大量电能，而且还造成中央空调末端达不到理想的效果。为了解决这些问题，需要让水泵随着负载的变化来调节水流量。

对水泵系统进行变频调速的改造，就是根据冷冻水泵和冷却水泵负载的变化来调整电动机的转速，从而达到节能的目的，节能效果分析如下：

水泵属于二次方律负载，经变频调速后，水泵电动机转速下降，电动机消耗的电能就会大大减小。减少的功耗为 $\Delta P = P_0 [1 - (n_1/n_0)^3]$，减少的流量为 $\Delta Q = Q_0 (1 - n_1/n_0)$，其中，$n_1$ 为调速后电动机的转速；n_0 为电动机原来的转速；P_0 为电动机原转速下消耗的功率；Q_0

为电动机原转速下水泵的流量。由上述公式可以看出,流量的减少与转速的减小成正比,功耗的减少与转速减小的三次方成正比。如果转速降低10%,则流量也降低10%;而功耗降低了 $(1-0.9^3) \times 100\% = 27.1\%$。

根据以上分析可知,对中央空调进行变频调速改造,能有效降低耗电量,有着重要的现实意义。

2. 中央空调系统的组成及工作原理

中央空调系统主要由冷冻主机、冷却塔、冷冻水循环系统、冷却水循环系统、冷却风机等部分组成,图6-22所示为其组成框图。

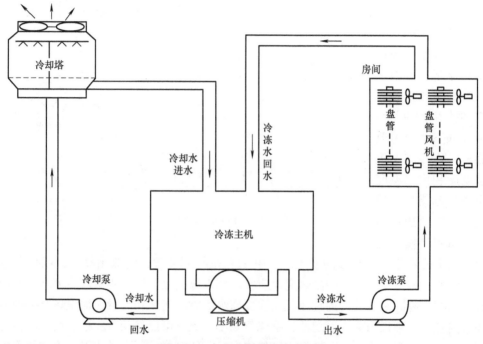

图 6-22 中央空调系统组成框图

(1) 冷冻主机 冷冻主机即制冷装置,是中央空调的制冷源,通往各个房间的循环水由冷冻主机进行"内部热交换",降温成冷冻水。

(2) 冷却塔 冷冻主机在制冷过程中会释放热量,使机组发热,冷却塔为冷冻主机提供冷却水。冷却水在流过冷冻主机后,带走冷冻主机产生的热量,使其降温。

(3) 冷冻水循环系统 该系统由冷冻泵和冷冻水管道组成。从冷冻主机流出来的冷冻水由冷冻泵加压送往冷冻水管道,通过各房间的盘管,带走房间内的热量,降低房间温度,由于冷冻水吸收了房间内的热量,水温升高,需要再经过冷冻主机降低水温,再次成为冷冻水,如此循环。在这里,冷冻主机是冷冻水的"源",从冷冻主机出来的冷冻水称为"出水",经过各房间后流回冷冻主机的水称为"回水"。

(4) 冷却水循环系统 冷却水循环系统由冷却泵、冷却水管道和冷却塔组成。冷却水吸收了冷冻主机释放的热量后,自身温度升高,冷却泵将升温后的冷却水压入冷却塔,使其降温,然后再将降温后的冷却水送回冷冻主机,如此循环。在这里,冷冻主机是冷却水的冷却对象,即"负载",流进冷冻主机的冷却水称为"进水",从冷冻主机流回冷却塔的冷却水称为"回水"。回水温度高于进水温度,从而形成温差。

(5) 冷却风机 系统中有两种用途不同的冷却风机:一是盘管风机,安装在所有需要降温的房间内,用于将由冷冻水盘管冷却了的冷空气吹入房间,加速房间内的热交换;二是冷却塔风机,用于降低冷却塔中的水温,加速将回水带来的热量散发到大气中去。

由以上论述可以看出,中央空调系统的工作过程就是一个不断进行热交换的过程,其中冷却水循环系统和冷冻水循环系统是能量的主要传递者。因此,对冷冻水循环系统和冷却水循环系统的控制是中央空调控制系统的主要部分,并且两个水循环系统的控制方法类似。

3. 中央空调系统的节能改造原理

中央空调系统一般分为冷冻水和冷却水两个水循环系统,可以分别对两个系统的水泵采用变频器进行节能改造。

(1) 冷冻水循环系统的闭环控制 冷冻水循环系统的闭环控制原理框图如图 6-23 所示,控制原理如下:通过温度传感器,将冷冻主机的回水温度和出水温度送入温差控制模块,计算出温差,然后通过温度 A-D 模块将模拟信

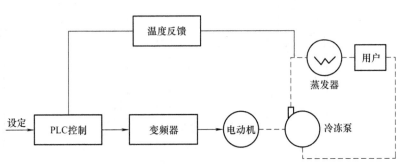

图 6-23 冷冻水循环系统的闭环控制原理框图

号转换成数字信号并送给 PLC 的输入端,由 PLC 来控制变频器的输出频率,以控制冷冻泵电动机的转速,调节出水量,控制热交换速度。如果温差大,则说明室内温度高,系统负载大,此时应增大冷冻泵电动机的转速,加快冷冻水的循环速度和流量,加快热交换速度;反之,如果温差小,则说明室内温度低,系统负载小,此时可以降低冷冻泵电动机的转速,减慢冷冻水的循环速度和流量,减慢热交换的速度以节约电能。制冷模式下,冷冻回水温度大于设定温度时,频率应上调;制热模式与制冷模式相反,冷冻回水温度小于设定温度时频率要上调,冷冻水回水温度越高,变频器的输出频率越低。

(2) 冷却水循环系统的闭环控制 冷却水循环系统的闭环控制原理框图如图 6-24 所示,控制原理如下:冷冻主机运行时,其冷凝器的热交换量是由冷却水带到冷却塔散热降温,再由冷却泵送到冷凝器进行不断循环的。冷却水进水、出水温差大,说明冷冻主机负载大,此时应提高冷却泵电动机

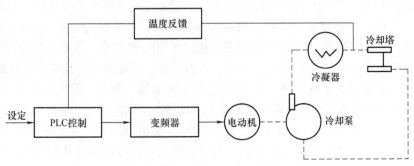

图 6-24 冷却水循环系统的闭环控制原理框图

的转速,加大冷却水的循环量;反之,如果温差小,说明冷冻主机负载小,此时应降低冷却泵的转速,减小冷却水的循环量以节约电能。

4. 中央空调系统应用变频器的设计

(1) 输入输出分配 根据控制要求确定 PLC 的输入输出分配,见表 6-10。

表 6-10 输入输出分配表

输 入			输 出		
输入继电器	输入元件	作用	输出继电器	输出元件	作用
X0	SB_1	停止按钮	Y0	KM_1	1 号泵变频运行
X1	S_1	温差下限	Y1	KM_2	1 号泵工频运行
X2	S_2	温差上限	Y2	KM_3	2 号泵变频运行
X3	SB_2	起动按钮	Y3	KM_4	2 号泵工频运行
			Y4	KM_5	3 号泵变频运行
			Y5	KM_6	3 号泵工频运行
			Y10	STF	变频器起动
			Y11	RH	多段速选择
			Y12	RM	多段速选择
			Y13	RL	多段速选择

(2) 接线图 冷冻水循环系统变频调速电气原理图如图 6-25 所示,主电路接触器 KM_1、KM_3、KM_5 用于将各台水泵电动机连接至变频器,实现变频调速;接触器 KM_2、KM_4、KM_6 用于将各台水泵电动机直接连接至工频电源。控制电路中,PLC 的输出 Y0~Y5 分别控制变频和工频接触器的通断,Y10~Y13 直接连接到变频器的 STF、RH、RM、RL 上,以控制变频器的七段速调速。需要注意的是,每台电动机的变频和工频接触器必须在硬件电路中互锁。

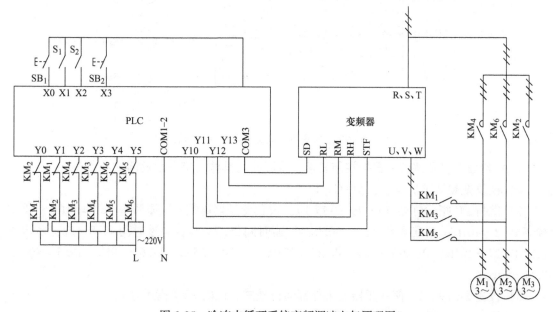

图 6-25 冷冻水循环系统变频调速电气原理图

（3）程序设计　根据控制要求，该系统包含两个顺序控制：一是三台水泵的切换，二是变频器七段速的切换，用顺序功能图的并行流程来进行设计，如图6-26所示。此程序与6.4节的顺序功能图（见图6-20）相类似，请读者自行分析工作过程，并将其转换成梯形图。

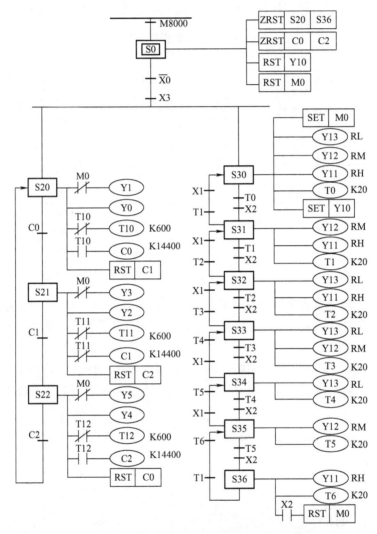

图6-26　冷冻水循环系统变频调速顺序功能图

（4）参数设置及调试　根据控制要求，变频器的具体设定参数及调试步骤如下：

1）恢复变频器出厂设置：ALLC = 1。

2）保持PU指示灯亮（Pr.79 = 0或1），设置变频器参数：上限频率Pr.1 = 50Hz；下限频率Pr.2 = 10Hz；基准频率Pr.3 = 50Hz；加速时间Pr.7 = 5s；减速时间Pr.8 = 5s；多段速设定Pr.27 = 10Hz，Pr.26 = 15Hz，Pr.25 = 20Hz，Pr.24 = 25Hz，Pr.6 = 30Hz，Pr.5 = 40Hz，Pr.4 = 50Hz。

3）设置Pr.79 = 2，使变频器处于外部运行模式，此时EXT指示灯亮。

4）按下SB_2，系统开始工作；按下SB_1，系统停止工作。

本章小结

本章主要介绍了变频器在工业典型控制系统中的应用,包括变频器在工业洗衣机、小型货物升降机、风机、恒压供水系统、中央空调中系统中的应用。

思考与练习

1. 根据图6-9,分析6.2节中升降机下降的工作原理。
2. 变频恒压供水的优点是什么?
3. 描述当供水能力 Q_G <用水需求 Q_U 时,变频恒压供水的工作过程。
4. 某30kW的风机,原来用风门控制其风量,所需风量约为最大风量的80%,分析采用变频器调速后的节能效果。
5. 分析图6-20中S21、S22步的运行过程。
6. 分析图6-26所示顺序功能图的执行过程,并将其转换成梯形图。
7. 用PLC、变频器设计一个刨床控制系统,要求如下:刨床工作台由一台电动机拖动,当刨床在原点位置时(原点为左限与上限位置,车刀在原点位置时,原点指示灯亮),按下起动按钮,刨床工作台按照图6-27所示的速度曲线运行。请写出PLC输入输出分配表,画出PLC与变频器的接线图,编写PLC程序,写出变频器参数并进行调试。

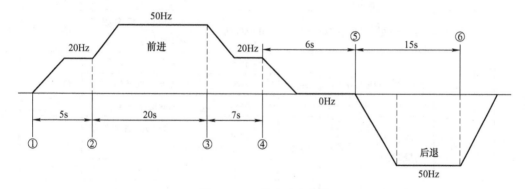

图6-27 工作台速度曲线

附录　FR-D700 变频器参数一览表

功能	参数（Pr.）	关联参数（Pr.）	名称	单位变化量	初始值	范围	内容	参数复制	参数清除	参数全部清除
手动转矩提升 U/f	0◎		转矩提升	0.1%	6%/4%/3%	0~30%	0Hz 时的输出电压以百分数设定 根据容量不同而不同（6%：0.75K（型号名，表示容量为0.75kW）以下；4%：1.5K~3.7K；3%：5.5K、7.5K）	○	○	○
		46	第2转矩提升	0.1%	9999	0~30%	RT 信号为 ON 时的转矩提升	○	○	○
						9999	无第2转矩提升			
上下限频率	1◎		上限频率	0.01Hz	120Hz	0~120Hz	输出频率的上限	○	○	○
	2◎		下限频率	0.01Hz	0Hz	0~120Hz	输出频率的下限	○	○	○
		18	高速上限频率	0.01Hz	120Hz	120~400Hz	在 120Hz 以上运行时设定	○	○	○
基准频率、电压 U/f	3◎		基准频率	0.01Hz	50Hz	0~400Hz	电动机的额定频率（50Hz/60Hz）	○	○	○
		19	基准频率电压	0.1V	9999	0~1000V	基准电压	○	○	○
						8888	电源电压的95%			
						9999	与电源电压一样			
		47	第2U/f（基准频率）	0.01Hz	9999	0~400Hz	RT 信号为 ON 时的基准频率	○	○	○
						9999	第2U/f无效			
通过多段速设定运行	4◎		多段速设定（高速）	0.01Hz	50Hz	0~400Hz	RH-ON 时的频率	○	○	○
	5◎		多段速设定（中速）	0.01Hz	30Hz	0~400Hz	RM-ON 时的频率	○	○	○
	6◎		多段速设定（低速）	0.01Hz	10Hz	0~400Hz	RL-ON 时的频率	○	○	○
		24~27	多段速设定（4~7速）	0.01Hz	9999	0~400Hz、9999	可以用 RH、RM、RL、REX 信号的组合来设定 4~15 速的频率 9999：不选择	○	○	○
		232~239	多段速设定（8~15速）	0.01Hz	9999	0~400Hz、9999		○	○	○

(续)

功能	参数（Pr.） / 关联参数（Pr.）	名称	单位变化量	初始值	范围	内容	参数复制	参数清除	参数全部清除
加减速时间的设定	7◎	加速时间	0.1s	5s/10s	0~3600s	电动机加速时间 根据变频器容量不同而不同（3.7K 以下/5.5K、7.5K）	○	○	○
	8◎	减速时间	0.1s	5s/10s	0~3600s	电动机减速时间 根据变频器容量不同而不同（3.7K 以下/5.5K、7.5K）	○	○	○
	20	加减速基准频率	0.01Hz	50Hz	1~400Hz	成为加减速时间基准的频率 加减速时间在停止~Pr.20 间的频率变化时间	○	○	○
	44	第2加速时间	0.1s	5s/10s	0~3600s	RT 信号为 ON 时的加速时间 根据变频器容量不同而不同（3.7K 以下/5.5K、7.5K）	○	○	○
	45	第2减速时间	0.1s	9999	0~3600s	RT 信号为 ON 时的减速时间	○	○	○
					9999	加速时间=减速时间			
电动机的过热保护（电子过电流保护）	9◎	电子过电流保护	0.01A	变频器额定电流	0~500A	设定电动机的额定电流	○	○	○
	51	第2电子过电流保护	0.01A	9999	0~500A	RT 信号为 ON 时有效 设定电动机的额定电流	○	○	○
					9999	第2电子过电流保护无效			
	561	PTC 热敏电阻保护水平	0.01kΩ	9999	0.5~30kΩ	设定 PTC 热敏电阻保护水平（电阻值）	○	○	○
					9999	PTC 热敏电阻保护无效			
直流制动预备励磁	10	直流制动动作频率	0.01Hz	3Hz	0~120Hz	直流制动的动作频率	○	○	○
	11	直流制动动作时间	0.1s	0.5s	0	无直流制动	○	○	○
					0.1~10s	直流制动的动作时间			
	12	直流制动动作电压	0.1%	6%/4%	0	无直流制动	○	○	○
					0.1%~30%	直流制动电压（转矩） 根据容量不同而不同 (0.1K、0.2K/0.4K~7.5K)			

（续）

功能	参数（Pr.）关联参数（Pr.）	名称	单位变化量	初始值	范围	内容	参数复制	参数清除	参数全部清除
起动频率	13	起动频率	0.01Hz	0.5Hz	0~60Hz	起动时频率	○	○	○
	571	起动时维持时间	0.1s	9999	0.0~10.0s	Pr.13 起动频率的维持时间	○	○	○
					9999	起动时的维持功能无效			
适合用途的 U/f 曲线	14	适用负载选择	1	0	0	用于恒转矩负载	○	○	○
					1	用于低转矩负载			
					2	恒转矩升降用 反转时提升0%			
					3	恒转矩升降用 正转时提升0%			
点动运行	15	点动频率	0.01Hz	5Hz	0~400Hz	点动运行时的频率	○	○	○
	16	点动加减速时间	0.1s	0.5s	0~3600s	点动运行时的加减速时间 加减速时间是指加减速到 Pr.20 加减速基准频率中设定的频率（初始值为50Hz）的时间 加减速时间不能分别设定	○	○	○
输出停止信号（MRS）的逻辑选择	17	MRS 输入选择	1	0	0	常开输入	○	○	○
					2	常闭输入（b 节点输入规格）			
					4	外部端子：常闭输入（b 节点输入规格） 通信：常开输入			
—	18	请参照 Pr.1、Pr.2							
	19	请参照 Pr.3							
	20	请参照 Pr.7、Pr.8							

附录 FR-D700 变频器参数一览表

(续)

功能	参数（Pr.）/ 关联参数（Pr.）	名称	单位变化量	初始值	范围	内容	参数复制	参数清除	参数全部清除
失速防止动作	22	失速防止动作水平	0.1%	150%	0	失速防止动作无效	○	○	○
					0.1%~200%	失速防止动作开始的电流值			
	23	倍速时失速防止动作水平补偿系数	0.1%	9999	0~200%	可降低额定频率以上的高速运行时的失速动作水平	○	○	○
					9999	一律Pr.22			
	48	第2失速防止动作水平	0.1%	9999	0	第2失速防止动作无效	○	○	○
					0.1%~200%	第2失速防止动作水平			
					9999	与Pr.22同一水平			
	66	失速防止动作水平降低开始频率	0.01Hz	50Hz	0~400Hz	失速动作水平开始降低时的频率	○	○	○
	156	失速防止动作选择	1	0	0~31、100、101	根据加减速的状态选择是否防止失速	○	○	○
	157	OL信号输出延时	0.1s	0s	0~25s	失速防止动作时输出的OL信号开始输出的时间	○	○	○
					9999	无OL信号输出			
—	24~27	请参照Pr.4~Pr.6							
加减速曲线	29	加减速曲线选择	1	0	0	直线加减速	○	○	○
					1	s曲线加减速A			
					2	s曲线加减速B			
再生单元的选择	30	再生制动功能选择	1	0	0	无再生功能、制动电阻器（MRS）、制动单元（FR-BU2）、高功率因数变流器（FR-HC）、电源再生共通变流器（FR-CV）	○	○	○
					1	高频度用制动电阻器（FR-ABR）			
					2	高功率因数变流器（FR-HC）（选择瞬时停电再起动时）			
	70	特殊再生制动使用率	0.1%	0%	0~30%	使用高频度用制动电阻器（FR-ABR）时的制动器使用率	○	○	○

（续）

功能	参数（Pr.）	名称	单位变化量	初始值	范围	内容	参数复制	参数清除	参数全部清除
	关联参数（Pr.）								
避免机械共振点（频率跳变）	31	频率跳变1A	0.01Hz	9999	0~400Hz、9999	1A~1B、2A~2B、3A~3B 跳变时的频率 9999：功能无效	○	○	○
	32	频率跳变1B	0.01Hz	9999	0~400Hz、9999		○	○	○
	33	频率跳变2A	0.01Hz	9999	0~400Hz、9999		○	○	○
	34	频率跳变2B	0.01Hz	9999	0~400Hz、9999		○	○	○
	35	频率跳变3A	0.01Hz	9999	0~400Hz、9999		○	○	○
	36	频率跳变3B	0.01Hz	9999	0~400Hz、9999		○	○	○
转速显示	37	转速显示	0.001	0	0	频率的显示及设定	○	○	○
					0.01~9998	50Hz 运行时的机械速度			
RUN键旋转方向的选择	40	RUN键旋转方向的选择	1	0	0	正转	○	○	○
					1	反转			
输出频率和电动机转数的检测	41	频率到达动作范围	0.1%	10%	0~100%	SU 信号为 ON 时的水平	○	○	○
	42	输出频率检测	0.01Hz	6Hz	0~400Hz	FU 信号为 ON 时的频率	○	○	○
	43	反转输出频率检测	0.01Hz	9999	0~400Hz	反转时 FU 信号为 ON 时的频率	○	○	○
					9999	与 Pr.42 的设定值一致			
—	44、45	请参照 Pr.7、Pr.8							
	46	请参照 Pr.0							
	47	请参照 Pr.3							
	48	请参照 Pr.22							
	51	请参照 Pr.9							

(续)

功能	参数（Pr.）/ 关联参数（Pr.）	名称	单位变化量	初始值	范围	内容	参数复制	参数清除	参数全部清除
DU/PU监视内容的变更，累计监视值的清除	52	DU/PU主显示数据选择	1	0	0、5、8~12、14、20、23~25、52~55、61、62、64、100	选择操作面板和参数单元所显示的监视器、输出到端子 AM 的监视器。0：输出频率（Pr.52）；1：输出频率（Pr.158）；2：输出电流（Pr.158）；3：输出电压（Pr.158）；5：频率设定值；8：变流器输出电压；9：再生制动器使用率；10：电子过电流保护负载率；11：输出电流峰值；12：变流器输出电压峰值；14：输出电力；20：累计通电时间（Pr.52）；21：基准电压输出（Pr.158）；23：实际运行时间（Pr.52）；24：电动机负载率；25：累计电力（Pr.52）；52：PID 目标值；53：PID 测量值；54：PID偏差（Pr.52）；55：输入/输出端子状态（Pr.52）；61：电动机过电流保护负载率；62：变频器过电流保护负载率；64：PTC 热敏电阻电阻值（Pr.52）；100：停止中设定频率、运行中输出频率（Pr.52）	○	○	○
	158	AM端子功能选择	1	1	1~3、5、8~12、14、21、24、52、53、61、62		○	○	○
	170	累计电度表清零	1	9999	0	累计电度表监视器清零时设定为"0"	○	×	○
					10	通信监视情况下的上限值在 0~9999kW·h 范围内设定			
					9999	通信监视情况下的上限值在 0~65535kW·h 范围内设定			
	171	实际运行时间清零	1	9999	0、9999	运行时间监视器清零时设定为"0" 设定为9999时不会清零	×	×	×
	268	监视器小数位选择	1	9999	0	用整数值显示	○	○	○
					1	显示到小数点下1位			
					9999	无功能			

(续)

功能	参数（Pr.）关联参数（Pr.）	名称	单位变化量	初始值	范围	内容	参数复制	参数清除	参数全部清除
DU/PU监视内容的变更，累计监视值的清除	563	累积通电时间次数	1	0	0~65535	通电时间监视器显示超过65535h后的次数（仅读取）	×	×	×
	564	累计运转时间次数	1	0	0~65535	运行时间监视器显示超过65535h后的次数（仅读取）	×	×	×
	891	累计电量监视器位切换次数	1	9999	0~4	设定切换累计电量监视器位的次数 监视值达到上限时固定	○	○	○
					9999	无切换，监视值达到上限时清零			
从端子AM输出的监视基准	55	频率监视基准	0.01Hz	50Hz	0~400Hz	输出频率监视值输出到端子AM时的最大值	○	○	○
	56	电流监视基准	0.01A	变频器额定电流	0~500A	输出电流监视值输出到端子AM时的最大值	○	○	○
瞬时停电再起动动作/高速起步	57	再起动自由运行时间	0.1s	9999	0	1.5K以下：1s 2.2K~7.5K：2s的自由运行时间	○	○	○
					0.1~5s	瞬时停电到复电后由变频器引导再起动的等待时间			
					9999	不进行再起动			
	58	再起动上升时间	0.1s	1s	0~60s	再起动时的电压上升时间	○	○	○
	30	再生制动功能选择	1	0	0、1	MRS（X10）-ON→OFF时，由起动频率起动	○	○	○
					2	MRS（X10）-ON→OFF时，再起动动作			
	162	瞬时停电再起动动作选择	1	1	0	有频率搜索	○	○	○
					1	无频率搜索（减电压方式）			
					10	每次起动时频率搜索	使用频率搜索时，对接线长度有限制		
					11	每次起动时的减电压方式			
	165	再起动失速防止动作水平	0.1%	150%	0~200%	将变频器额定电流设为100%，设定再起动动作时的失速防止动作水平	○	○	○

(续)

功能	参数(Pr.) 关联参数(Pr.)	名称	单位变化量	初始值	范围	内容		参数复制	参数清除	参数全部清除
瞬时停电再起动动作/高速起步	298	频率搜索增益	1	9999	0~32767	通过U/f控制实施了离线自动调谐时,将设定电动机常数(R1)以及瞬时停电再起动的频率搜索所必需的频率搜索增益		○	×	○
					9999	使用三菱电动机(SF-JR、SF-HRCA)常数				
	299	再起动时的旋转方向检测选择	1	0	0	无旋转方向检测		○	○	○
					1	有旋转方向检测				
					9999	Pr.78=0时,有旋转方向检测 Pr.78=1、2时,无旋转方向检测				
	611	再起动时的加速时间	0.1s	9999	0~3600s	再起动时到达加速时间基准频率的加速时间		○	○	○
					9999	再起动时的加速时间为通常的加速时间				
遥控设定功能	59	遥控功能选择	1	0		RH、RM、RL信号功能	频率设定记忆功能	○	○	○
					0	多段速设定	—			
					1	遥控设定	有			
					2	遥控设定	无			
					3	遥控设定	无(用STF/STR OFF来清除遥控设定频率)			
节能控制选择	60	节能控制选择	1	0	0	通常运行模式		○	○	○
					9	最佳励磁控制模式				

（续）

功能	参数（Pr.）关联参数（Pr.）	名称	单位变化量	初始值	范围	内容	参数复制	参数清除	参数全部清除
报警发生时的再试功能	65	再试选择	1	0	0~5	再试报警的选择	○	○	○
	67	报警发生时的再试次数	1	0	0	无再试动作	○	○	○
					1~10	报警发生时的再试次数 再试动作中不进行异常输出			
					101~110	报警发生时的再试次数（设定值-100为再试次数）再试动作中进行异常输出			
	68	再试等待时间	0.1s	1s	0.1~600s	报警发生到再试之间的等待时间	○	○	○
	69	再试次数显示和消除	1	0	0	清除再试后再起动成功的次数	○	○	○
—	66	请参照 Pr.22、Pr.23							
	70	请参照 Pr.30							
电动机的选择（适用电动机）	71	适用电动机	1	0	0	适合标准电动机的热特性	○	○	○
					1	适合三菱恒转矩电动机的特性			
					40	三菱高效率电动机（SF-HR）的热特性			
					50	三菱恒转矩电动机（SF-HRCA）的热特性			
					3	标准电动机			
					13	恒转矩电动机	选择"离线自动调谐设定"		
					23	三菱标准电动机（SF-JR 4P 1.5kW以下）			
					43	三菱高效率电动机（SF-HR）			
					53	三菱恒转矩电动机（SF-HRCA）			
	450	第2适用电动机	1	9999	0	适合标准电动机的热特性	○	○	○
					1	适合三菱恒转矩电动机的热特性			
					9999	第2电动机无效（第1电动机的热特性）			

（续）

功能	参数（Pr.）	关联参数（Pr.）	名称	单位变化量	初始值	范围	内容	参数复制	参数清除	参数全部清除
载波频率和 Soft-PWM 选择	72		PWM 频率选择	1	1	0~15	PWM 载波频率设定值以 kHz 为单位。但是，0 表示 0.7kHz，15 表示 14.5kHz	○	○	○
		240	Soft-PWM 动作选择	1	1	0	Soft-PWM 无效	○	○	○
						1	Pr.72＝0~5 时，Soft-PWM 有效			
		260	PWM 频率自动切换	1	0	0	PWM 载波频率不随负载变动，保持稳定。设定载波频率为 3Hz 以上时（Pr.72≥3），变频器额定电流不满 85% 时请继续运行	○	○	○
						1	负载增加时自动把载波频率降低			
模拟量输入选择	73		模拟量输入选择	1	1		端子2输入 / 极性可逆	○	×	○
						0	0~10V / 无			
						1	0~5V / 无			
						10	0~10V / 有			
						11	0~5V / 有			
		267	端子 4 输入选择	1	0	0	端子 4 输入 4~20mA	○	×	○
						1	端子 4 输入 0~5V			
						2	端子 4 输入 0~10V			
模拟量输入的响应性或噪声消除	74		输入滤波时间常数	1	1	0~8	对于模拟量输入的 1 次延迟滤波器时间常数设定值越大，过滤效果越明显	○	○	○
复位选择、PU 脱离检测	75		复位选择/PU 脱离检测/PU 停止选择	1	14	0~3、14~17	复位输入接纳选择、PU（FR-PU04-CH/FRPU07）接头脱离检测功能选择、PU 停止功能选择 初始值为常时可复位、无 PU 脱离检测、有 PU 停止功能	○	×	×

（续）

功能	参数（Pr.）关联参数（Pr.）	名称	单位变化量	初始值	范围	内容	参数复制	参数清除	参数全部清除
防止参数值被意外改写	77	参数写入选择	1	0	0	仅限于停止时可以写入	○	○	○
					1	不可写入参数			
					2	可以在所有运行模式中不受运行状态限制地写入参数			
电动机的反转防止	78	反转防止选择	1	0	0	正转和反转均可	○	○	○
					1	不可反转			
					2	不可正转			
运行模式的选择	79◎	运行模式选择	1	0	0	外部/PU 切换模式	○	○②	○②
					1	PU 运行模式固定			
					2	外部运行模式固定			
					3	外部/PU 组合运行模式1			
					4	外部/PU 组合运行模式2			
					6	切换模式			
					7	外部运行模式（PU 运行互锁）			
	340	通信起动模式选择	1	0	0	根据 Pr.79 的设定	○	○	○
					1	以网络运行模式起动			
					10	以网络运行模式起动，可通过操作面板切换 PU 运行模式与网络运行模式			
通用磁通矢量控制	80	电动机容量	0.01kW	9999	0.1~7.5kW	可通过设定通用的电动机容量来进行通用磁通矢量控制	○	○	○
					9999	U/f 控制			

（续）

功能	参数（Pr.）／关联参数（Pr.）	名称	单位变化量	初始值	范围	内容	参数复制	参数清除	参数全部清除
离线自动调谐	82	电动机励磁电流	0.01A	9999	0~500A	调谐数据（通过离线自动调谐测量到的值会自动设定）	○	×	○
					9999	使用三菱电动机（SF-JR、SF-HR、SF-JRCA、SF-HRCA）常数			
	83	电动机额定电压	0.1V	200V/400V	0~1000V	电动机额定电压（V）因电压级别而异（200V/400V）	○	○	○
	84	电动机额定频率	0.01Hz	50Hz	10~120Hz	电动机额定频率（Hz）	○	○	○
	90	电动机常数（R1）	0.001Ω	9999	0~50Ω	调谐数据（通过离线自动调谐测量到的值会自动设定）	○	×	○
					9999	使用三菱电动机（SF-JR、SF-HR、SF-JRCA、SF-HRCA）常数			
	96	自动调谐设定/状态	1	0	0	不实施离线自动调谐	○	×	○
					11	通用磁通矢量控制用离线自动调谐时电动机不运转（仅电动机常数）			
					21	U/f 控制用离线自动调谐（瞬时停电再起动,在有频率搜索时用）			
通信初始设定	117	PU 通信站号	1	0	0~31（0~247）	变频器站号指定 1 台个人计算机连接多台变频器时要设定变频器的站号 当 Pr.549 = 1（MODBUS-RTU 协议）时,设定范围为括号内的数值	○	○②	○②
	118	PU 通信速率	1	192	48、96、192、384	通信速率 通信速率为设定值×100（例如,如果设定值是 192,则通信速率为 19200bit/s）	○	○②	○②

（续）

功能	参数（Pr.）关联参数（Pr.）	名称	单位变化量	初始值	范围	内容	参数复制	参数清除	参数全部清除
通信初始设定	119	PU通信停止位长	1	1	0	停止位长：1bit 数据长：8bit	○	○②	○②
					1	停止位长：2bit 数据长：8bit			
					10	停止位长：1bit 数据长：7bit			
					11	停止位长：2bit 数据长：7bit			
	120	PU通信奇偶校验	1	2	0	无奇偶校验（MODBUS-RTU时：停止位长为2bit）	○	○②	○②
					1	奇校验（MODBUS-RTU时：停止位长为1bit）			
					2	偶校验（MODBUS-RTU时：停止位长为1bit）			
	121	PU通信再试次数	1	1	0~10	发生数据接收错误时的再试次数允许值，连续发生错误次数超过允许值时，变频器将跳闸	○	○②	○②
					9999	即使发生通信错误，变频器也不会跳闸			
	122	PU通信校验时间间隔	0.1s	0	0	可进行RS-485通信，但是，有操作权的运行模式起动的瞬间将发生通信错误（E.PUE）	○	○②	○②
					0.1~999.8s	通信校验（断线检测）时间间隔，无通信状态超过允许时间时，变频器将跳闸（根据Pr.502）			
					9999	不进行通信检测（断线检测）			
	123	PU通信等待时间设定	1	9999	0~150ms	设定向变频器发出数据后信息返回的等待时间	○	○②	○②
					9999	用通信数据进行设定			

附录 FR-D700 变频器参数一览表

(续)

功能	参数（Pr.） / 关联参数（Pr.）	名称	单位变化量	初始值	范围	内容	参数复制	参数清除	参数全部清除
通信初始设定	124	PU 通信有无 CR/LF 选择	1	1	0	无 CR、LF	○	○②	○②
					1	有 CR			
					2	有 CR、LF			
	342	通信 EEPROM 写入选择	1	0	0	通过通信写入参数时，写入到 EEPROM、RAM	○	○	○
					1	通过通信写入参数时，写入到 RAM			
	343	通信错误计数	1	0	—	显示 MODBUS-RTU 通信时的通信错误次数（仅读取），只在选择 MODBUS-RTU 协议时显示	×	×	×
	502	通信异常时停止模式选择	1	0	0	通信异常发生时的变频器动作选择 — 自由运行停止	○	○	○
					1、2	通信异常发生时的变频器动作选择 — 减速停止			
	549	协议选择	1	0	0	三菱变频器（计算机链接）协议	○	○②	○②
					1	MODBUS-RTU 协议			
						变更设定后请复位（切断电源后再供给电源）变更的设定在复位后起作用			
模拟量输入频率的变更电压、电流输入、频率的调整（校正）	125◎	端子 2 频率设定增益频率	0.01Hz	50Hz	0~400Hz	端子 2 输入增益（最大）的频率	○	×	○
	126◎	端子 4 频率设定增益频率	0.01Hz	50Hz	0~400Hz	端子 4 输入增益（最大）的频率	○	×	○
	241	模拟输入显示单位切换	1	0	0	％单位 — 模拟量输入显示单位的选择	○	○	○
					1	V/mA 单位 — 模拟量输入显示单位的选择			
	C2 (902)①	端子 2 频率设定偏置频率	0.01Hz	0Hz	0~400Hz	端子 2 输入偏置侧的频率	○	×	○
	C3 (902)①	端子 2 频率设定偏置	0.1%	0%	0~300%	端子 2 输入偏置侧电压（电流）的百分数换算值	○	×	○

（续）

功能	参数（Pr.） 关联参数（Pr.）	名称	单位变化量	初始值	范围	内容	参数复制	参数清除	参数全部清除
模拟量输入频率的变更电压、电流输入、频率的调整（校正）	C4（903）①	端子2频率设定增益	0.1%	100%	0~300%	端子2输入增益侧电压（电流）的百分数换算值	○	×	○
	C5（904）①	端子4频率设定偏置频率	0.01Hz	0Hz	0~400Hz	端子4输入偏置侧的频率	○	×	○
	C6（904）①	端子4频率设定偏置	0.1%	20%	0~300%	端子4输入偏置侧电流（电压）的百分数换算值	○	×	○
	C7（905）①	端子4频率设定增益	0.1%	100%	0~300%	端子4输入增益侧电流（电压）的百分数换算值	○	×	○
	C22(922)~C25(923)①	生产厂家设定用参数，请不要设定							
PID控制/浮动辊控制	127	PID控制自动切换频率	0.01Hz	9999	0~400Hz	自动切换到PID控制的频率	○	○	○
					9999	无PID控制自动切换功能			
	128	PID动作选择	1	0	0	PID控制无效	○	○	○
					20	PID负作用	测量值输入（端子4）目标值（端子2或Pr.133）			
					21	PID正作用			
					40~43	浮动辊控制			
	129	PID比例带	0.1%	100%	0.1%~100%	比例带狭窄（参数的设定值小）时，测量值的微小变化可以带来大的操作量变化。随比例带的变小，响应灵敏度（增益）会变得更好，但可能会引起振动等、降低稳定性，增益K_p=1/比例带	○	○	○
					9999	无比例控制			

（续）

功能	参数（Pr.）/关联参数（Pr.）	名称	单位变化量	初始值	范围	内容		参数复制	参数清除	参数全部清除
PID控制/浮动辊控制	130	PID积分时间	0.1s	1s	0.1~3600s	在偏差步进输入时，仅在积分（I）动作中得到与比例（P）动作相同的操作量，所需要的时间（T_i）随着积分时间变小，到达目标值的速度会加快，但是容易发生振动现象		○	○	○
					9999	无积分控制				
	131	PID上限	0.1%	9999	0~100%	上限值，反馈量超过设定值的情况下输出FUP信号，测量值（端子4）的最大输入（20mA/5V/10V）相当于100%		○	○	○
					9999	无功能				
	132	PID下限	0.1%	9999	0~100%	下限值，测量值低于设定值范围的情况下输出FDN信号，测量值（端子4）的最大输入（20mA/5V/10V）相当于100%		○	○	○
					9999	无功能				
	133	PID动作目标值	0.01%	9999	0~100%	PID控制时的目标值		○	○	○
					9999	PID控制	端子2输入电压为目标值			
						浮动辊控	固定于50%			
	134	PID微分时间	0.01s	9999	0.01~10.00s	在偏差指示灯输入时，仅得到比例动作（P）的操作量，所需要的时间（T_d）随微分时间的增大，对偏差变化的反应也越大		○	○	○
					9999	无微分控制				

(续)

功能	参数（Pr.） 关联参数（Pr.）	名称	单位变化量	初始值	范围	内容	参数复制	参数清除	参数全部清除
PID控制/浮动辊控制	44	第2加减速时间	0.1s	5s/10s	0~3600s	浮动辊控制时，变成主速度的加速时间第2加减速时间无效 根据变频器容量不同而不同（3.7K 以下/5.5K、7.5K）	○	○	○
	45	第2减速时间	0.1s	9999	0~3600s、9999	浮动辊控制时，变成主速度的减速时间第2减速时间无效	○	○	○
	575	输出中断检测时间	0.1s	1s	0~3600s	PID 计算后的输出频率不到 Pr. 576 的状态下，在到 Pr. 575 设定时间以上时停止变频器运行	○	○	○
					9999	无输出中断功能			
	576	输出中断检测水平	0.01Hz	0Hz	0~400Hz	设定处理输出中断的频率	○	○	○
	577	输出中断解除水平	0.1%	1000%	900~1100%	设定 PID 输出中断功能的解除水平（Pr. 577~1000%）	○	○	○
参数单元的显示语言选择	145	PU 显示语言切换	1	1		FR-PU07　　FR-PU04-CH	○	×	×
					0	日语　　英语			
					1	英语　　中文			
					2	德语			
					3	法语　　英语			
					4	西班牙语			
					5	意大利语			
					6	瑞典语			
					7	芬兰语			
—	146	生产厂家设定用参数，请不要设定							

(续)

功能	参数（Pr.）／关联参数（Pr.）	名称	单位变化量	初始值	范围	内容	参数复制	参数清除	参数全部清除
输出电流的检测（Y12信号）、零电流的检测（Y13信号）	150	输出电流检测水平	0.1%	150%	0~200%	输出电流检测水平，变频器的额定电流为100%	○	○	○
	151	输出电流检测信号延迟时间	0.1s	0s	0~10s	输出电流检测时间：从输出电流超出设定值到输出电流检测信号（Y12）开始输出为止的时间	○	○	○
	152	零电流检测水平	0.1%	5%	0~200%	零电流检测水平，变频器额定电流为100%	○	○	○
	153	零电流检测时间	0.01s	0.5s	0~1s	从输出电流Pr.152降低到设定值以下到输出零电流检测信号（Y13）为止的时间	○	○	○
	166	输出电流检测信号保持时间	0.1s	0.1s	0~10s	设定Y12信号置ON时的保持时间	○	○	○
					9999	保持Y12信号置ON状态，下次起动时置为OFF			
	167	输出电流检测动作	1	0	0	Y12信号置ON时继续运行	○	○	○
					1	Y12信号置ON时停止报警（E.CDO）			
—	156、157	请参照Pr.22							
	158	请参照Pr.52							
用户参数组功能	160◎	扩展功能显示选择	1	9999	0	显示所有参数	○	○	○
					9999	只显示简单模式的参数			
操作面板的动作选择	161	频率设定/键盘锁定操作选择	1	0	0	M旋钮频率设定模式	键盘锁定模式无效	○	×	○
					1	M旋钮电位器模式				
					10	M旋钮频率设定模式	键盘锁定有效			
					11	M旋钮电位器模式				

(续)

功能	参数（Pr.） 关联参数（Pr.）	名称	单位变化量	初始值	范围	内容	参数复制	参数清除	参数全部清除
—	162、165	请参照 Pr. 57							
	166、167	请参照 Pr. 153							
	168、169	生产厂家设定用参数，请不要设定							
	170、171	请参照 Pr. 52							
输入端子的功能分配	178	STF 端子功能选择	1	60	0~5、7、8、10、12、14、16、18、24、25、37、60、62、65~67、9999	0：低速运行指令 1：中速运行指令 2：高速运行指令 3：第2功能选择 4：端子4输入选择 5：点动运行选择 7：外部热敏继电器输入 8：15速选择 10：变频器运行许可信号（FR-HC/FR-CV连接） 12：PU运行外部互锁 14：PID控制有效端子 16：PU-外部运行切换 18：U/f切换 24：输出停止 25：起动自保持选择 37：三角波功能选择 60：正转指令（只能分配给STF端子（Pr.178）） 61：反转指令（只能分配给STR端子（Pr.179）） 62：变频器复位 65：PU-NET运行切换 66：外部-网络运行切换 67：指令权切换 9999：无功能	○	×	○
	179	STR 端子功能选择	1	61	0~5、7、8、10、12、14、16、18、24、25、37、61、62、65~67、9999		○	×	○
	180	RL 端子功能选择	1	0	0~5、7、8、10、12、14、16、18、24、25、37、62、65~67、9999		○	×	○
	181	RM 端子功能选择	1	1			○	×	○
	182	RH 端子功能选择	1	2			○	×	○

（续）

功能	参数（Pr.） 关联参数（Pr.）	名称	单位变化量	初始值	范围	内容	参数复制	参数清除	参数全部清除
输入端子的功能分配	190	RUN端子功能选择	1	0	0、1、3、4、7、8、11～16、25、26、46、47、64、70、90、91、93、95、96、98、99、100、101、103、104、107、108、111～116、125、126、146、147、164、170、190、191、193、195、196、198、199、9999	0、100：变频器运行中 1、101：频率到达 3、103：过载警报 4、104：输出频率检测 7、107：再生制动预报警 8、108：电子过电流保护预报警 11、111：变频器运行准备完毕 12、112：输出电流检测 13、113：零电流检测 14、114：PID下限 15、115：PID上限 16、116：PID正反转动作输出 25、125：风扇故障输出 26、126：散热片过热预报警 46、146：停电减速中（保持到解除） 47、147：PID控制动作中 64、164：再试中 70、170：PID输入中断中 90、190：寿命警报 91、191：异常输出3（电源切断信号） 93、193：电流平均值监视信号 95、195：维修时钟信号 96、196：远程输出 98、198：轻故障输出 99、199：异常输出 9999、-：无功能 0～99：正逻辑 100～199：负逻辑	○	×	○
	192	ABC端子功能选择	1	99	0、1、3、4、7、8、11～16、25、26、46、47、64、70、90、91、95、96、98、99、100、101、103、104、107、108、111～116、125、126、146、147、164、170、190、191、195、196、198、199、9999		○	×	○

功能	参数（Pr.） 关联参数（Pr.）	名称	单位变化量	初始值	范围	内容	参数复制	参数清除	参数全部清除
—	232～239	请参照 Pr. 4～Pr. 6							
	240	请参照 Pr. 72							
	241	请参照 Pr. 125、Pr. 126							
延长冷却风扇的寿命	244	冷却风扇的动作选择	1	1	0	在电源 ON 的状态下冷却风扇起动，冷却风扇 ON-OFF 控制无效（电源 ON 的状态下总是 ON）	○	○	○
					1	冷却风扇 ON-OFF 控制有效，变频器运行过程中始终为 ON，停止时监视变频器的状态，根据温度的高低为 ON 或 OFF			
转差补偿	245	额定转差	0.01%	9999	0～50%	电动机额定转差	○	○	○
					9999	无转差补偿			
	246	转差补偿时间常数	0.01s	0.5s	0.01～10s	转差补偿的响应时间，值设定越小响应速度越快，但负载惯性越大越容易发生再生过电压错误	○	○	○
	247	恒功率区域转差补偿选择	1	9999	0	恒功率区域（比 Pr. 3 中设定的频率还高的频率领域）中不进行转差补偿	○	○	○
					9999	恒功率区域的转差补偿			
接地检测	249	起动时接地检测的有无	1	1	0	无接地检测	○	○	○
					1	有接地检测			

附录 FR-D700 变频器参数一览表 171

（续）

功能	参数（Pr.）关联参数（Pr.）	名称	单位变化量	初始值	范围	内容		参数复制	参数清除	参数全部清除
电动机停止方法和起动信号的选择	250	停止选择	0.1s	9999	0~100s	起动信号OFF经过设定的时间后以自由运行停止	STF信号：正转起动 STR信号：反转起动	○	○	○
					1000~1100s	起动信号OFF经过(Pr.250-1000)s后以自由运行停止	STF信号：起动信号 STR信号：正转、反转信号			
					9999	起动信号OFF后减速停止	STF信号：正转起动 STR信号：反转起动			
					8888		STF信号：起动信号 STR信号：正转、反转信号			
输入输出缺相保护选择	251	输出缺相保护选择	1	1	0	无输出缺相保护		○	○	○
					1	有输出缺相保护				
	872	输入缺相保护选择	1	1	0	无输入缺相保护	仅三相电源输入规格可设定	○	○	○
					1	有输出缺相保护				

(续)

功能	参数（Pr.） 关联参数（Pr.）	名称	单位变化量	初始值	范围	内容	参数复制	参数清除	参数全部清除
显示变频器零件的寿命	255	寿命报警状态显示	1	0	(0~15)	显示控制电路电容器、主电路电容器、冷却风扇、浪涌电流抑制电路的各元件的寿命是否到达报警输出水平（仅读取）	×	×	×
	256	浪涌电流抑制电路寿命显示	1%	100%	(0~100%)	显示浪涌电流抑制电路的老化程度（仅读取）	×	×	×
	257	控制电路电容器寿命显示	1%	100%	(0~100%)	显示控制电路电容器的老化程度（仅读取）	×	×	×
	258	主电路电容寿命显示	1%	100%	(0~100%)	显示主电路电容器的老化程度（仅读取），显示通过 Pr.259 实施测量的值	×	×	×
	259	测定主电路电容器寿命	1	0	0、1	设定为 1 并把电源 OFF，开始测量主电路电容器的寿命，再次接通电源后 Pr.259 的设定值变成 3 时测定完毕，在 Pr.258 中读取劣化程度	○	○	○
—	260	请参照 Pr.72							
发生掉电时的运行	261	掉电停止方式选择	1	0	0	自由运行停止，电压不足或发生掉电时切断输出	○	○	○
					1	电压不足或发生掉电时减速停止			
					2	电压不足或发生掉电时减速停止，掉电减速中复电的情况下进行再加速			
—	267	请参照 Pr.73							
	268	请参照 Pr.52							
	269	厂家设定用参数，请勿自行设定							

(续)

功能	参数（Pr.） 关联参数（Pr.）	名称	单位变化量	初始值	范围	内容	参数复制	参数清除	参数全部清除
通过M旋钮设定频率变化量	295	频率变化量设定	0.01	0	0	无效	○	○	○
					0.01、0.10、1.00、10.00	通过M旋钮变更设定频率时的最小变化幅度			
密码功能	296	密码保护选择	1	9999	1~6、101~106	选择密码注册时参数的读写限制级别	○	×	○
					9999	无密码保护			
	297	密码注册/解除	1	9999	1000~9998	注册4位数密码	○	×	○
					(0~5)	显示密码解除出错次数（仅读取）（设定为Pr.296 = 101~106时有效）			
					(9999)	无密码保护（仅读取）			
—	298、299	请参照 Pr.57							
通信运行指令权与通信速率指令权	338	通信运行指令权	1	0	0	起动指令权通信	○	○②	○②
					1	起动指令权外部			
	339	通信速率指令权	1	0	0	频率指令权通信	○	○②	○②
					1	频率指令权外部（通信方式的频率指令无效，频率指令端子2的设定无效）			
					2	速度指令权外部（通信方式的频率指令有效，频率指令端子2的设定无效）			
	551	PU运行模式操作权选择	1	9999	2	PU运行模式时，指令权由PU接口执行	○	○②	○②
					4	PU运行模式时，指令权由操作面板执行			
					9999	FR－PU07连接自动识别 优先顺序：PU07 > 操作面板			

(续)

功能	参数(Pr.) 关联参数(Pr.)	名称	单位变化量	初始值	范围	内容	参数复制	参数清除	参数全部清除
—	340	请参照 Pr. 79							
	342、343	请参照 Pr. 117 ~ Pr. 124							
	450	请参照 Pr. 71							
远程输出功能(REM信号)	495	远程输出选择	1	0	0	电源 OFF 时清除远程输出内容	○	○	○
					1	电源 OFF 时保持远程输出内容			
					10	电源 OFF 时清除远程输出内容 变频器复位时清除远程输出内容			
					11	电源 OFF 时保持远程输出内容			
	496	远程输出内容	1	0	0 ~ 4095	可以进行输出端子的 ON/OFF	×	×	×
—	502	请参照 Pr. 124							
部件的维护	503	维护定时器	1	0	0 (1 ~ 9998)	变频器的累计通电时间以 100h 为单位显示(仅读取)写入设定值 0 时累计通电时间被清除	×	×	×
	504	维护定时器报警输出设定时间	1	9999	0 ~ 9998	设定到维护定时器报警信号(Y95)输出为止的时间	○	×	○
					9999	无功能			
—	549	请参照 Pr. 117 ~ Pr. 124							
	551	请参照 Pr. 338、Pr. 339							
电流平均值监视信号	555	电流平均时间	0.1s	1s	0.1 ~ 1.0s	开始位输出中(1s)平均电流所需要的时间	○	○	○
	556	数据输出屏蔽时间	0.1s	0s	0.0 ~ 20.0s	不获取过渡状态数据的时间(屏蔽时间)	○	○	○
	557	电流平均值监视信号基准输出电流	0.01A	变频器额定电流	0 ~ 500A	输出电流平均值信号输出的基准(100%)	○	○	○

(续)

功能	参数（Pr.） / 关联参数（Pr.）	名称	单位变化量	初始值	范围	内容	参数复制	参数清除	参数全部清除
—	561	请参照 Pr. 9							
	563、564	请参照 Pr. 52							
	571	请参照 Pr. 13							
	575~577	请参照 Pr. 127							
三角波功能（摆频功能）	592	三角波功能选择	1	0	0	三角波功能无效	○	○	○
					1	仅外部运行模式时，三角波功能有效			
					2	与运行模式无关，三角波功能均有效			
	593	最大振幅量	0.1%	10%	0~25%	三角波运行时的振幅量	○	○	○
	594	减速时振幅补偿量	0.1%	10%	0~50%	振幅反转时（加速→减速）的补偿量	○	○	○
	595	加速时振幅补偿量	0.1%	10%	0~50%	振幅反转时（减速→加速）的补偿量	○	○	○
	596	振幅加速时间	0.1s	5s	0.1~3600s	三角波运行时所需的加速时间	○	○	○
	597	振幅减速时间	0.1s	5s	0.1~3600s	三角波运行时所需的减速时间	○	○	○
—	611	请参照 Pr. 57							
缓和机械共振	653	速度滤波控制	0.1%	0	0~200%	减少转矩变动，缓和机械共振引起的振动	○	○	○
—	665	请参照 Pr. 882							
—	872	请参照 Pr. 251							

(续)

功能	参数（Pr.）/ 关联参数（Pr.）	名称	单位变化量	初始值	范围	内容	参数复制	参数清除	参数全部清除
再生回避功能	882	再生回避动作选择	1	0	0	再生回避功能无效	○	○	○
					1	再生回避功能始终有效			
					2	仅在恒速运行时，再生回避功能有效			
	883	再生回避动作水平	0.1V	DC400V/DC780V	300~800V	再生回避动作的母线电压水平，如果将母线电压水平设定低了，则不容易发生过电压错误，但实际减速时间会延长，将设定值设为高于电源电压×√2的值 因电压级别而异（200V/400V）	○	○	○
	885	再生回避补偿频率限制值	0.01Hz	6Hz	0~10Hz	再生回避功能起动时上升频率的限制值	○	○	○
					9999	频率限制无效			
	886	再生回避电压增益	0.1%	100%	0~200%	再生回避动作时的响应性，将Pr.886的设定值设定得大一些，对母线电压变化的响应会变好，但输出频率可能会变得不稳定，如果将Pr.886的设定值设定得小一些仍旧无法抑制振动，请将Pr.665的设定值再设定得小一些	○	○	○
	665	再生回避频率增益	0.1%	100%	0~200%		○	○	○
自由参数	888	自由参数1	1	9999	0~9999	可自由使用的参数，安装多个变频器时可以给每个变频器设定不同的固定数字，这样有利于维护和管理。关闭变频器电源仍保持内容	○	×	×
	889	自由参数2	1	9999	0~9999		○	×	×
—	891	请参照 Pr.52							

(续)

功能	参数（Pr.）／关联参数（Pr.）	名称	单位变化量	初始值	范围	内容	参数复制	参数清除	参数全部清除
端子AM输出的调整（校正）	C1（901）①	AM端子校正	—	—	—	校正接在端子AM上的模拟仪表的标度	○	×	○
—	C2(902)①~C7(905)①、C22(922)①~C25(923)①	请参照 Pr.125、Pr.126							
操作面板的蜂鸣音控制	990	PU蜂鸣音控制	1	1	0	无蜂鸣器音	○	○	○
					1	有蜂鸣器音			
PU对比度调整	991	PU对比度调整	1	58	0~63	参数单元（FR-PU04-CH/FR-PU07）的LCD对比度调整，0：弱→63：强	○	×	○
被清除参数、初始值变更清单	Pr.CL	参数清除	1	0	0、1	设定为1时，除了校正用参数外的其他参数将恢复到初始值			
	ALLC	参数全部清除	1	0	0、1	设定为1时，所有参数都恢复到初始值			
	Er.CL	报警历史清除	1	0	0、1	设定为1时，将清除过去8次的报警历史			
	Pr.CH	初始值变更清单	—	—	—	显示并设定初始值变更后的参数			

注：1. 标记◎表示该参数是简单模式参数。
    2. 标记"○"表示可以，"×"表示不可以。

① （ ）内为使用 FR-E500 系列用操作面板（FR-PA02-02）或参数单元（FR-PU04-CH/FR-PU07）时的参数编号。

② 是在通过 RS-485 通信进行参数清除（全部清除）时不会被清除的通信用参数。

参 考 文 献

[1] 薛晓明. 变频器技术与应用：项目教程 [M]. 北京：北京理工大学出版社，2009.
[2] 郭艳萍，孟庆波. 变频器应用技术 [M]. 北京：北京师范大学出版社，2017.
[3] 蔡杏山. 图解 PLC、变频器与触摸屏技术完全自学手册 [M]. 北京：化学工业出版社，2017.
[4] 张虹，方鹭翔，彭勇. PLC 技术及应用：三菱 [M]. 武汉：华中科技大学出版社，2017.
[5] 袁勇. 变频器技术应用与实践：三菱、西门子 [M]. 西安：西安科技大学出版社，2012.
[6] 李德永，李双梅. 变频器技术及应用 [M]. 北京：高等教育出版社，2012.
[7] 石秋洁. 变频器应用基础 [M]. 2 版. 北京：机械工业出版社，2012.
[8] 杨洁忠，邹火军，屈远增，等. 变频器应用技术 [M]. 北京：清华大学出版社，2016.
[9] 吴启红. 变频器、可编程控制器及触摸屏综合应用技术实操指导书 [M]. 北京：机械工业出版社，2010.
[10] 田效伍. 交流调速系统与变频器应用 [M]. 2 版. 北京：机械工业出版社，2018.
[11] 李方园. 变频器应用技术 [M]. 3 版. 北京：科学出版社，2017.